AF313406

CATALOGUE

D'UNE RICHE COLLECTION

DE TABLEAUX

DES PEINTRES LES PLUS CÉLEBRES

DES DIFFÉRENTES ÉCOLES;

GOUACHES, Mignatures, Deſſins montés ſous verre & en feuilles, Eſtampes en feuilles, & reliées; Bronzes; Buſtes & Vaſes de marbre, antiques & modernes; Porcelaines; Laque; Meubles précieux de Boule; Pierres gravées, & autres Objets de curioſité;

QUI COMPOSENT LE CABINET

DE M.*** *l'abé de Juvigny*

Dont la vente ſe fera le Mercredi, premier Décembre 1779, & jours ſuivans, à trois heures de relevée, à l'ancien Hôtel de Bullion, rue Plâtrières.

Par A. J. PAILLET.

Le préſent Catalogue ſe trouve A PARIS,

Chez { SAUGRAIN & LAMY, Libraires, Quai des Auguſtins.

A. J. PAILLET, Peintre, rue Plâtrière, hôtel de Bullion.

M. DCC. LXXIX.

AVERTISSEMENT.

La Collection qu'on offre au Public, est la suite d'un goût décidé pour les belles choses qui conduit presque toujours au-delà du but qu'on s'est proposé, & qui multipliant trop les objets, en rend la jouissance onéreuse : cette cause & d'autres circonstances ont déterminé le Possesseur de cette collection à l'exposer en vente. Une partie des Tableaux & autres effets dont elle est composée, ont fait l'ornement des Cabinets les plus connus en France & dans le Pays étranger : on peut ajouter qu'elle a pour les Curieux une espèce de mérite que les autres n'avoient pas ; c'est de former une suite intéressante d'anciens Tableaux depuis le commencement de la Peinture à huile, jusqu'au tems où Raphaël & les grands Maîtres des Ecoles de Bologne & de Florence l'ont portée à sa perfection. On n'a point détaillé dans le Catalogue tous ces monumens informes, mais respectables de l'art de peindre, dont la plus grande partie a été altérée par le tems ; on n'a décrit que ceux à qui leur conservation assure une place dans les

AVERTISSEMENT.

Cabinets des Amateurs ou des Artiftes cé-
lebres : le furplus fera expofé dans les différentes Vacations.

La Vente commencera le Mercredi, premier Décembre 1779, à trois heures & de-
mie de relevée, à l'ancien Hôtel de Bullion
rue Plâtrière, conftruite nouvellement pour
faire les Ventes, & qui réunit à fa pofition
avantageufe au centre de Paris, une diftribution commode, & la décoration locale
néceffaire à cet objet.

On verra les Tableaux, Bronzes, &c. les
trois jours qui précéderont celui de la Vente,
depuis dix heures du matin jufqu'à deux,
& chaque jour les articles de la Vacation.

On donnera la veille du premier jour de la
Vente, la feuille de diftribution des numéros qui feront vendus jufqu'à la fin.

CATALOGUE

CATALOGUE

DE TABLEAUX,

DESSINS, Bronzes, Marbres, Vases précieux de porphire, Albâtre, Porcelaines montées, Meubles de Boule, & autres objets de curiosité.

TABLEAUX.

ÉCOLE ROMAINE.

PIERRE VANNUTI, dit LE PÉRUGIN.

N°. 1 Un Repos en Egypte ; la Vierge
vêtue d'une draperie rouge & bleue, allaite
l'Enfant Jésus ; elle est assise au pied d'un
vieux édifice ruiné, au-dessus duquel s'é-
leve un arbre touffu. Un Paysage agréable & très-fini, enrichi de maisons, fait

124

A

le fond de ce Tableau peint en 1496. On
ne peut en defirer un plus parfait & plus
terminé de ce Maître. Sur bois. H. 15
pouces & demi , l. 12.

2 Un Tableau fur bois dans une boëte d'é-
bene, repréfentant l'Adoration des Bergers : il eft fermé par deux volets peints,
fur l'un defquels on voit une vieille femme qui chauffe du linge. Il vient de la
Collection de Monfeigneur le Prince de
Conty. H. 10 p. & demi , l. 7 pouces &
demi.

3 Un Payfage montagneux coupé de vallons
où l'on voit plufieurs maifons & des figures. Sur bois. H. 6 pouces , l. 9 p. 6 lig.

RAPHAEL SANCIO D'URBIN.

4 Une Tête d'une jeune Femme portant une
chemife pliffée , & un corfet brun. Ce
Tableau gravé dans l'Œuvre de ce Maître
eft fur bois. H. 20 p. l. 16.

5 La Vierge appuyée fur la bafe d'une colonne , & ayant fur elle l'Enfant *Jéfus*
qui tient des cerifes : Derriere eft un rideau d'un violet *foncé* , relevé d'une broderie en or. Le lointain offre un Payfage.
   Ce Tableau rempli de nobleffe dans les
caracteres , eft dans le genre du Pérugin.
Sur bois. H. 30 p. l. 24.

ANDRÉ DEL SARTE.

6 La Vierge affife couverte d'un voile bleu
qui tombe fur une robe rouge; elle tient

l'Enfant Jéfus qui joue avec Saint Jean-
Baptifte: derriere elle font S. Jofeph & S.
Zacharie.

L'expreffion, le deffin & le coloris,
rendent très-recommandable ce Tableau,
qui a appartenu à la Reine Chriftine. Sur
bois. H. 36 p. l. 24.

7 La Vierge tenant l'Enfant Jéfus. Ce Tableau, plein de caractere, eft attribué à
André del Sarte. Sur bois. H. 10 p. l. 7.

JULES PIPI, dit LE ROMAIN.

8 Un Tableau attribué à Jules Romain, repréfentant un trait de juftice de l'Empereur Trajan décrit au bas du Tableau avec
la date de 1550. Sur bois. H. 31 p. l. 39.

9 Un Tableau enlevé fur bois & remis fur
toile, attribué au même, repréfentant
Cléopâtre qui fe fait piquer par un afpic.
H. 22 p. l. 16.

10 Une copie en grifaille par Sébaftien
Bourdon, d'après une peinture à frefque
de Jules Romain, repréfentant la Marche
pour un Sacrifice. Sur toile. H. 18 p. l. 21.

P R I M A T I C E.

11 Vénus couchée fur un lit, & careffée par
l'Amour: cinq autres Amours la diver-
tiffent par leurs jeux. Cet aimable Tableau
tient beaucoup du faire de Jules Romain,
à qui plufieurs Amateurs l'attribuent. H.
34 p. l. 45. Sur bois.

12 Un autre Tableau repréfentant l'affem-

A ij

blée des Dieux dans l'Olympe , d'une grande correction de deſſin , & d'un coloris agréable. Sur bois. H. 34 p. l. 48.

DOMINIQUE FÉTI.

13 La Transfiguration de Notre-Seigneur ; trois de ſes Apôtres ſont couchés au pied du Tabor. Des effets de lumiere ſurprenans, font un contraſte avec l'obſcurité qui regne dans le Tableau. Sur toile. H. 33 , l. 42.

PIERRE BÉRÉTINI , dit DE CORTONNE.

26. 7 14 La Tête d'une jeune Femme ayant deux rangs de perles dans ſa chevelure. Eſquiſſe pleine de mérite. Sur toile. H. 11 p. l. 8.

ANDRÉ SACCHI.

66 15 Un Tableau repréſentant une Driade, un Faune & un Pâtre aſſis au pied d'un arbre ; trois enfans , dont un couronné de pampres, jouent enſemble ; un quatrième couché à terre , boit dans un vaſe. Un Payſage forme le fond de ce Tableau, qui eſt d'un coloris agréable & d'un bel effet. Sur toile. H. 26 p. l. 36.

CIROFERRI.

72 16 La Vierge tenant l'Enfant Jéſus dont le viſage eſt riant ; elle eſt aſſiſe ſur l'appui d'une fenêtre , ſur lequel eſt un vaſe de fleurs.

Ce Tableau, d'un coloris admirable &

d'une grande correction de deſſin, eſt
dans le genre de Pierre de Cortonne. Sur
toile. H. 23 p. l. 17.

17 Salomon ſacrifiant aux Idoles, en pré-   48
fence de la Reine de Saba; belle compoſition de ſix figures. Sur toile. H. 27 p.
l. 22.

FRANÇOIS ROMANELLI.

18 Pandore ſontenue dans les airs par des   84
Amours, & tenant la coupe des biens &
des maux. Ce Tableau, d'une compoſition ſage & élégante, eſt dans le genre de
Raphaël. Sur toile. H. 48 p. l. 36.

CARLE MARATTE.

19 La Vierge tenant l'Enfant Jéſus ſur ſes   150
genoux. Saint Jean-Baptiſte baiſe la main
du Sauveur.

Ce Tableau, précieuſement peint ſur
cuivre, vient de la Collection de Monſeigneur le Prince de Conty. H. 5 p. & demi, l. 4 p. & demi.

THOMASSEUS.

20 L'Intérieur de l'Egliſe de Saint Pierre   71
de Rome, rendu avec la derniere préci-
ſion, & orné de quantité de figures. Sur
toile. H. 60 p. l. 84.

PHILIPPE LAURE.

21 Saint François en extaſe; des Anges   198
forment un concert ſur ſa téte. Son com-

pagnon, affis dans l'éloignement, eft occupé à lire.

Ce Tableau, d'une touche précieufe,
eft du meilleur faire de ce Maître. Sur
toile. H. 17 p. l. 13.

22 Diane repofant au pied d'un arbre, &
ordonnant à des Amours de frapper un
Satyre qui a eu la témérité de porter fes
regards fur elle. Ce Tableau agréable eft
fur toile. H. 13 p. l. 17.

PIERRE LOCATELLI.

23 Deux beaux Payfages, ornés de ruines
& de fabriques traverfées par des rivieres.
Sur le devant, des groupes d'arbres fe détachent fur un ciel très-clair.

Ces deux Tableaux, d'une touche large
& facile, font du ton de couleur le plus
vrai, & ornés de belles figures. Sur toile.
H. 22. l 27.

24 Deux Payfages pris des campagnes de
Rome; ils font ornés de fabriques, de
monumens anciens & de quelques figures.
Ces deux morceaux, d'une touche ferme
& d'un beau ton de couleur, font peints
fur cuivre. H. 8 p. & demi, l. 11.

MICHEL-ANGE DES BATAILLES.

25 La Vue d'un grand Rocher, près duquel paffe un homme monté fur un cheval
blanc. Sur toile. H. 16 p. & demi, l. 14.

ÉCOLES DE FLORENCE ET DE PARME.

LÉONARD DE VINCI.

26 La Vierge tenant fur elle l'Enfant Jéfus.
Ce Tableau, reconnu inconteftablement
pour être de ce Peintre, vient de la Collection de Crozat, & a été enlevé de bois
fur toile. H. 19 p. l. 14. †

ANDRÉ SOLARIO.

27 L'Annonciation de la Vierge ; elle eft
repréfentée devant une table en méditation : la fenêtre ouverte laiffe appercevoir
un Payfage digne des meilleurs payfa-
giftes.

Ce Tableau figné du Maître eft peint en
1506. Il vient du Cabinet de M. de Pont-
chartrain, d'où il a paffé en celui de M.
le Duc de la Vrilliere. Sur bois. H. 30 p.
largeur 30 p. †

FRANÇOIS SALVIATI.

28 La Vierge dans une gloire, entourée
d'Anges qui forment un concert. Le fond
du Tableau offre la vue d'une Ville fituée
fur le bord de la mer, au pied de hautes
montagnes. Sur le premier plan font deux
Anachoretes qui parlent enfemble.

Ce Tableau mérite l'attention des Amateurs, par la rareté des productions de ce

Maître , & par son extrême fini. Sur bois.
H. 24 , l. 18.

GAROFALO , dit BENEVENUTO.

29 La Vierge tenant l'Enfant Jésus , & portée par des Anges dans l'intérieur du veftibule d'un Temple , dont la porte ouverte laiffe entrevoir un paylage orné de
figures : plufieurs Saints avec leurs attributs , font debout ou profternés devant la
Vierge.

Ce Tableau , d'une touche fine & d'une
confervation parfaite , eft peint fur bois.
H. 18 p. l. 14.

30 La Vierge tenant l'Enfant Jésus em-
braffé ; elle eft enveloppée d'un manteau
bleu doublé de violet clair fous lequel eft
une robe rouge : ce Tableau , qui approche de la maniere de Raphaël , à moins
de féchereffe. Il eft d'une rare confervation. Sur toile. H. 23 p. l. 18.

SASSO FERRATI.

31 La Vierge en corfet rouge & manteau
bleu , tenant l'Enfant Jésus dans fes bras.
Sur toile. H. 15 p. l. 13.

CARLO DOLCI.

32 La Vierge vue de face & à mi-corps ,
tenant fur elle l'Enfant Jésus. Ce Tableau
d'un pinceau moëlleux , & gracieux dans
les caracteres de tête , eft peint fur bois.
H. 25 p. l. 28.

33 La Vierge tenant l'Enfant Jéfus, à qui
elle préfente une poire. Sur toile. H. 24,
l. 18.

JEAN-PAUL PANNINI.

34 Deux des plus beaux Tableaux de ce
Maître, repréfentant ce que les Ruines des
antiquités romaines offrent de plus remarquable : dans l'un fe voyent le Coli-
fée, la Colonne trajanne, l'Arc de Conf-
tantin, le Gladiateur mourant & le Lut-
teur ; ces deux figures placées à l'entrée
du Tableau font regardées par des paffans.
Le fecond Tableau repréfente le fameux
Temple bâti par Agrippa, les Ruines du
Palais d'Augufte, l'Hercule Farnèfe, le
Marc-Aurele à cheval, à la gauche dans
l'éloignement font les reftes d'un Arc de
triomphe ; fur le devant, du même côté,
eft un fuperbe tombeau de porphyre orné de bas-reliefs, & placé au bas d'anciens édifices : ces deux Tableaux, enrichis de beaucoup de figures fpirituellement
touchées, font des chefs-d'œuvre. Ils font
peints en 1737. Sur toile. H. 36 p. l. 50.

ÉCOLE DE BOLOGNE.

LOUIS CARRACHE.

35 La Vierge vêtue d'une robe rouge fur
un corfet jaune, la tête couverte d'un

voile, tenant l'Enfant Jéfus debout. Ce Tableau compofé avec fageſſe eſt de forme ovale, dans une riche bordure à coings. Sur bois. H. 29 p. l. 23.

36 La Vierge aſſiſe ſur un tertre au pied d'un ruiſſeau, ayant l'Enfant Jéfus ſur elle : de beaux arbres & un lointain ornent ce Tableau gravé par le Peintre. Sur toile. H. 18 p. l. 26.

ANNIBAL CARRACHE.

37 La Vierge de douleur ; elle a la tête couverte d'un voile, & le corps d'une grande robe bleue ; elle tient un mouchoir dans la main droite, la gauche eſt appuyée ſur la tête du Chriſt mort. Un Ange plongé dans la triſteſſe, eſt près de lui : on voit la Ville de Jéruſalem dans l'éloignement. La douleur de la Vierge eſt rendue avec la plus grande expreſſion dans ce Tableau qui eſt gravé du tems du Peintre. Sur toile. H. 28, l. 37.

38 L'Amour monté ſur un dauphin, & conduiſant ſur la mer le char d'Amphitrite ; un Triton préſente le trident à Neptune, qui tient d'une main les renes du char. Deux ſirenes, élevées à mi corps ſur les eaux, ſont autour de lui. Ce Tableau digne d'admiration par la beauté du deſſin & l'expreſſion, eſt peint ſur toile. H. 13 p. & demi, l. 16.

39 Un Tableau repréſentant l'Enlevement

de Proferpine. Les figures font grandes comme nature. Sur toile. H. 61 p. l. 44.

GUIDO RINI.

40 Le Chrift couronné d'épines, vu à mi-   2.
corps, & couvert d'un manteau écarlate.
Ce Tableau, de forme ovale, eft attribué
au Guide. Sur toile. H. 23 p. l. 27.

JEAN-FRANÇOIS BARBIÉRI, dit LE GUER-CHIN.

41 S. Jean l'Evangélifte, vu à mi corps,   72
couvert d'un manteau rouge, regardant
l'aigle qui lui apporte une plume pour
écrire fon Evangile. Ce Tableau d'un caractere noble, & du fçavant pinceau de
cette fublime Ecole, eft peint fur toile.
H. 44 p. l. 36.

41 *bis.* La Confiance d'Alexandre; il prend
d'une main la médecine, & de l'autre reçoit la lettre qu'il a remife à fon Médecin, par laquelle on lui marque qu'il doit
être empoifonné. Sa femme eft aux pieds
de fon lit, jouiffant d'une fécurité entiere.
On voit des tentes dans l'éloignement.
Ce Tableau, s'il n'eft pas du Guerchin,
eft certainement original de fon Ecole, par
les beautés qu'il réunit. Sur toile. H. 36,
l. 48.

FRANÇOIS ALBANE.

42 Salmacis & Hermaphrodite fe pourfui-   60.
vant dans l'eau; un Amour brife fon arc;

un autre s'arrache les cheveux ; un troi-
fieme s'éloigne avec fon flambeau. Ce
Tableau , d'une compofition ingénieufe, &
qui eft inconteftablement de l'Albane, a
un peu fouffert. Sur toile. H. 21 p. l. 27.

GUIDO CAGNACI.

43 Cléopâtre expirante de la morfure de
l'afpic dont elle s'eft fait piquer ; fa fuivante eft près d'elle en pleurs. Sur toile.
H. 32 p. l. 27.

GALLI, dit BIBIÉNA.

44 Une forterefle fervant de prifon , vue de
l'intérieur de la Cour. Sur toile. H. 18 p.
l. 24.

ÉCOLE VÉNITIENNE.

TITIEN VETELLI.

45 Le portrait de Bocace couronné de lauriers. Sur toile. H. 14 p. l. 12.

46 Une Efquiffe fur papier collé fur toile ,
repréfentant une Allégorie ; un nuage fait
le fond du Tableau , au haut duquel font
les Dieux de l'Olympe ; plus bas, Apollon
& les Mufes forment un concert : à l'extrémité du nuage eft la Volupté endormie
fur un lit de repos ; le Tems , les ailes déployées & tenant la mefure des heures ,
eft également endormi à côté d'elle. H.
22 p. l. 14.

LE GIORGION.

47 Le Portrait vu jufqu'à mi-corps, d'un *96*
Général Vénitien, tenant en main fon
bâton de commandement. Ce Tableau,
peint avec un coloris étonnant, vient du
Cabinet de M. Pâris de Montmartel. Sur
toile. H. 54 p. l. 42. *140*

48 Lucrece expofant à Brutus l'affront dont *7*
Tarquin vient de la couvrir. Ce Tableau,
brillant de couleur, eft plein d'expreffion.
Sur toile. H. 39 po. l. 28.

JACQUES PALME, dit LE VIEUX.

49 La Vierge affife, tenant l'Enfant Jéfus *200*
debout fur elle. Saint Jofeph eft à fes cô-
tés, la main appuyée contre un palmier.
Ce tableau, digne du Titien, vient de la
Collection de Monfeigneur le Prince de
Conty. Sur bois. H. 33 p. l. 31. *480-1*

JACQUES ROBUSTI, dit LE TINTORET.

50 Un grand Tableau, propre pour être *166*
mis en plafond, repréfentant des Amours,
fous le fimbole des Saifons & des Elémens,
peints avec vigueur, fur toile. H. 78 po.
l. 60.

JACQUES DEL PONTE, dit BASSAN.

51 Deux Tableaux en pendans. L'un repré- *411*
fente le Départ de Jacob de la maifon de
Laban. L'autre, des perfonnes tâchant d'é-
teindre le feu qui confume leur maifon.
Une femme éplorée eft fur le devant; près

d'elle un Vieillard fabrique des vafes de cuivre fur une enclume ; d'auties figures fe voyent dans l'éloignement. Ces deux morceaux de diftinction viennent de la Collection de M. le Duc de Tallard. Sur toile. L. 48 p. h. 36. *+ 81 anonce copie fhec Zoi*

52 Efaü vendant fon droit d'aîneffe à Ja-cob ; Tableau de la meilleure maniere de ce Maître. Sur toile. H. 23 , l. 25.

FRANÇOIS BASSAN.

53 Le même fujet que le précédent, avec des changemens. Sur cuivre. H. 6 p. & demi, l. 10.

54 L'Adoration des Bergers ; compofition agréable & d'un bel effet : fur toile. H. 37 p. l. 48.

55 Une autre Adoration des Bergers, com-pofé d'une maniere différente, & vigonreu-ment peinte fur toile. H. 40 p. l. 32.

PARIS BORDON.

56 La Vierge, repréfentée à mi-corps, de grandeur naturelle, tenant l'Enfant Jéfus qui a les pieds fur un *couffin* de brocard. Saint Jofeph eft près d'elle. Ce Tableau, peint avec une grande vérité, eft fur bois. H. 34 p. l. 25.

ANDRÉ SCHIAVONE.

57 La Vierge tenant l'Enfant Jéfus fur elle, & l'adorant, avec deux Anges qui font à fes côtés. Ce Tableau d'un coloris brillant,

d'un beau fini dans les têtes, & d'une belle expreſſion, eſt peint ſur toile. H. 28 po. l. 25.

PAUL CALLIARI, dit PAUL VÉRONESE.

58 Une étude de la Mariée des Noces de Cana, peinte ſur papier, collée ſur bois. H. 10 p. l. 7 & demi.

JACQUES PALME LE JEUNE.

59 La Vierge tenant l'Enfant Jéſus; elle eſt accompagnée de Sainte Catherine, Saint Jean-Baptiſte & Saint Joſeph. Les figures ſont de grandeur naturelle. Sur toile. H. 52 p. l. 72.

BOSVERIL.

60 Hérodias recevant la tête de Saint Jean-Baptiſte dans un plat; Tableau dans le genre de Paul Véroneſe, dont ce Peintre étoit diſciple. Sur toile. H. 42 p. l. 66.

TRÉVISANI.

61 L'Homme condamné au travail; ſa femme aſſiſe ſous un toît de chaume, allaite ſes enfans, tandis qu'il béche la terre: ce Tableau, qui eſt gravé, eſt peint ſur toile. H. 20 p. l. 23.

GASPARO VAN VITELLI.

62 La Vue d'une Ville ſituée ſur le bord de la Mer, & aſſiégée; on voit arriver à ſon ſecours les vaiſſeaux de Malte & ceux de diverſes Nations. Sur toile. H. 27 p. l. 48.

Piazetta.

18, 19 63 Un jeune fille vue à mi-corps; elle a les
bras croisés, & posés sur une table. Ce tableau, d'un beau ton de couleur, est peint
sur toile. H. 16 p. l. 12.

Tiépolo.

20. 1 64 L'Esquisse terminée d'un Plafond allégorique aux Arts, de forme ovale, sur
toile. H. 26 p. l. 20.

28 , 65 L'Enfant Jésus, la Vierge & S. Joseph,
s'embarquant dans une nacelle, pour fuir
en Egypte : sur toile. H. 27 p. l. 24.

27. 1 66 Deux Paysages, représentant des Vues
d'Italie. Ils sont d'un grand effet, & les
figures en sont bien dessinées. Sur toile. H.
13 p. l. 20.

ECOLES NAPOLITAINE, GÉNOISE ET ESPAGNOLE.

Antonello de Messine, *né en 1430.*

12. 1 67 Un Tableau sur bois peint *des* deux côtés; l'un représente la *Visite de Sainte Eli-
sabeth à Sainte Anne;* plus loin est l'Annonciation de la Vierge : le fond est un
Paysage. L'autre face représente la Vierge
coëffée singulierement; elle a sur elle l'Enfant Jésus jouant avec un pot de métal ;
Saint Joseph est à son côté, portant un
grand sabre : Saint Jean est sur le devant,

monté

monté fur un cheval de bois , & tenant un
bâton à fa main pour le faire marcher.
Un ancien bâtiment , des arbres & un
payfage terminent ce tableau dont l'ànti-
quité & une compofition grotefque font
tout le mérite. H. 20 p. l. 16 p.

ANTIVEDATUS GRAMMATICA.

68 Un Cardinal lifant une Lettre, & portant de la main droite fes lunettes fur fon
nez; cette figure parfaitement peinte , eft
vue à mi-corps devant une table où font
placés différens objets. Sur toile. H. 35.
p. l. 28.

JOSEPH RIBERA , dit L'ESPAGNOLET.

69 Saint Jérôme affis dans fa grotte , &
commentánt les Livres faints; figure grande comme nature , peinte avec beaucoup
d'expreffion , & d'un beau faire dans les
draperies. Sur toile. H. 48 p. l. 60.

BENEDETTO CASTIGLIONE.

70 Le Bufte d'une femme coëffée en cheveux, ayant un collier de perles à deux
rangs , vêtue d'une robe rouge à manches
découpées. Il vient de la Collection de
Monfeigneur le Prince de Conti. Haut.
21 p. l. 16. Sur toile.

71 Un Repos en Egypte; la Vierge tenant
l'Enfant Jéfus eft vêtue d'une robe jaune,
un voile bleu couvre fa tête. S. Jofeph,
habillé à la façon des Arabts, eft à côté
B

d'elle tenant un bâton à la main ; près de lui font un troupeau de moutons, & un cheval chargé de bagages. Sur toile. H. 13, l. 19.

48   72 Deux Tableaux ; l'un repréfente deux Lapins près d'une marre d'eau ; l'autre, deux Lievres, deux Chats & deux Cochons d'Inde. Ils paroiffent avoir fervi d'étude, & font terminés. Toile. H. 13 p. l. 17.

S A L V A T O R   R O S E.

752   73 Un Tableau capital de ce Maître, repréfentant un Combat de Cavalerie allemande, contre de la Cavalerie turque armée de lances & de fabres. Un coloris vigoureux, une touche favante & bien entendue, rendent recommandable ce Tableau, qui eft le pendant de celui qui a été vendn à la vente de Monfeigneur le Prince de Conti. Sur toile. H. 48. l. 78.4.

72   74 Le Combat de Renaud, contre Argant, dans la forêt enchantée. Sur toile. H. 22, l. 26.

30   75 Un Payfage d'après nature, touché avec fermeté. Sur bois. H. 5 p. l. 11.

20   76 Un Tableau repréfentant quatre perfonnes de différens états, dont une affife fur une pierre, s'entretenant enfemble. Sur toile. H. 14 p. l. 18.

J E A N   L O T H.

400   77 Un Payfage d'après nature : fur le pre-

mier plan eſt un homme à cheval qui parle
à un autre qui conduit deux chiens ; plus
loin ſont deux chaſſeurs: à droite eſt une
vaſte campagne avec des habitations ; elle
eſt terminée par des montagnes. A gauche
eſt un côteau ſur lequel on apperçoit des
moulins à vent & des maiſons ; au bas eſt
une ferme : de grands arbres ornent ce
Tableau , qui égale les plus beaux de
Ruiſdaël , & qui eſt dans ſa maniere. Sur
toile. H. 50 p. l. 78.

77 bis. La Vue d'une Forêt ornée de grands   200
arbres : un Chaſſeur ſuivi de ſon chien ,
guette du gibier ; ſur le devant ſont un
porteur de balle, une femme chargée , &
tenant un enfant par la main, lui parle ;
plus loin un Payſan aſſis ſur un âne, s'entretient avec des perſonnes aſſiſes ſur le
bord d'un chemin; à droite du Tableau ,
& ſur un plan plus éloigné , on voit pluſieurs voyageurs : on apperçoit au delà les
clochers de divers villages ſitués dans les
bois au pied des montagnes. Ce Tableau ,
qui fait illuſion par la vérité avec laquelle
il eſt rendu , eſt de même que le précédent , d'une touche ſavante , & d'un Maître dont les productions ſont très-rares. H.
48 p. l. 70 p. 6 lignes.

L U C J O R D A N S.

78 Vénus ſortant du bain ; des Nymphes   58
ſont occupées à lui verſer des eſſences ſur

fa chevelure ; une autre lui effuie les pieds ; d'autres avec un Amour préfentent à boire aux Cygnes qui tirent fon char : quatre Amours étendent un voile fur elle. Une compofition aimable & un deffin correct donnent du mérite à ce Tableau. Sur toile. H. 54 p. l. 32.

79 Une femme fortant du bain ; trois autres femmes font occupées à la fervir. Plus loin font deux autres : le fond forme un payfage. Ce Tableau peint avec foin, fans être froid, eft un des bons de ce Maître. Sur toile. H. 23, l. 28.

80 Un Tableau d'une belle pâte de couleur, repréfentant Bacchus & Arianne. Les figures font grandes comme nature. Sur toile. H. 56, l. 72.

GAULI, dit LE BACICI.

81 La Boutique d'un Epicier, où deux Courtifannes Vénitiennes galamment vêtues entrent : un homme déguifé en Scharamouche offre à l'une des fleurs ; un autre mafqué en Marotte préfente des andouilles. Ce tableau eft très-fin, & *les* draperies en font faites avec beaucoup de foin. Sur toile. H. 18 p. l. 24.

FRANÇOIS SOLIMENE.

82 L'Apothéofe d'un Saint Evêque, porté au Ciel par des Anges, ou d'autres Anges placés dans un rang plus élevé font occupés à le recevoir.

La correction du deſſin , jointe à une grande expreſſion dans les figures , donne un mérite ſupérieur à ce Tableau qui eſt peint ſur toile. H. 45 p. l. 36.

ECOLE DES PAYS-BAS.

JEAN DE BRUGES, *né en* 1370, *Inven- teur de la Peinture à l'huile.*

83 Un Tableau, repréſentant une Allégorie dont la Religion eſt le ſujet, & qui paroît avoir quelque rapport au veu fait par Philippe le Bon, Duc de Bourgogne, d'ê-tre le chef d'une Croiſade contre les In-fideles. On connoît l'extrême rareté des Ouvrages de ce Peintre, il en reſte très-peu. Sur bois. H. 26 p. l. 18.

BERNARD VAN ORLEY.

84 La Vierge , couverte d'un manteau de pourpre relevé d'une broderie en or, & préſentant ſon ſein à l'Enfant Jéſus qui tient une fleur. Elle eſt près d'une table, ſur laquelle eſt un vaſe de verre. Sur bois. H. 16 po. l. 12.

LUCAS DE LEYDE.

85 Jéſus-Chriſt portant ſa croix pour mon-ter au Calvaire : il eſt environné de Sol-dats, & d'une foule de peuple ; ſur un plan plus élevé, ſont la Vierge, Sainte

Jean, Sainte Madelaine & une autre femme. Ce tableau très-fini a des vérités de détail admirables. Sur bois. H. 42 p. l. 30.

86 La Vierge tenant l'Enfant Jésus; elle est assise devant une table couverte d'un tapis verd, ayant derriere elle une piece d'étoffe déployée brodée en or; des Anges font devant & autour d'elle, les uns formant un concert, les autres offrant des fleurs. Ce tableau cintré d'un beau coloris & d'une belle conservation, est peint sur bois. H. 28 p. l. 16.

87 Le Christ mort dans les bras du Pere Eternel qui est vêtu d'une chappe ornée de pierreries, ayant une thiare sur la tête; deux Anges tiennent la couronne d'épines. Sur bois. H. 23 p. l. 16.

PIERRE PORBUS.

88 Le Portrait, sur bois, d'un Seigneur de la Maison de Cossé. H. 6 p. l. 5.

89 Le Portrait de Charles de Launoy, Viceroi de Naples; sur bois. H. 8. l. 6.

90 Le Portrait d'un Magistrat en Simare, sur bois. H. 8 p. l. 5 p. 6 lignes.

91 Le Portrait d'un Homme de Loix en robe fourrée, sur bois. H. 5 p. & demi, l. 4 po. & demi.

92 Le Portrait d'un Médecin vêtu d'un manteau fourré, sur bois. H. 8 p. l. 5 & demi.

Pierre Breughel, dit le Vieux.

93 Un Sabat célébré dans l'obscurité de la   38 10
nuit, sur bois. H. 36 p. l. 48.

94 Un Tableau sur bois, d'une composition   36
grotesque & satirique, représentant le Bal
pour les Noces de Martin Luther & d'une
None. H. 28 p. l. 78.

Martin de Vos.

95 Deux Tableaux en pendans, sur cuivre;
l'un représente Absalon poursuivi, & sus-
pendu à un arbre; l'autre la Conversion de
Saint Paul, renversé de son cheval au milieu de sa cohorte. Ces deux Tableaux bril-
lans de couleur, sont d'une grande composition. H. 12 p. l. 14.

Le Chevalier Antoine Moro.

96 Le Portrait d'une des Maîtresses du Duc   16 5
d'Albe, Gouverneur des Pays-Bas. Sur
bois. H. 7 p. l. 6.

Paul Bril.

97 Une forêt dans laquelle des eaux tombent   200
en cascades, & forment un étang où sont
des canards sauvages; deux Chasseurs cachés derrière un grand arbre, se disposent
à titer dessus : on voit dans l'éloignement
la continuité de la même forêt & deux
passans : Annibal Carrache a peint les figures dans ce tableau qui joint une touche
savante au mérite de la conservation. Sur
toile. H. 34 p. l. 50.

361   98 Un beau Payſage, à la gauche duquel
eſt un chemin qui tourne derriere un rocher, & paroît conduire à l'entrée d'un
bois ; une vaſte prairie fait le fond de ce
tableau qui eſt orné d'hommes & d'animaux parfaitement deſſinés. Sur toile. H.
20 p. l. 28.

290   99 Une Vue de la Mer. Des Pêcheurs ſont
occupés à tirer leurs filets : à la gauche,
ſont des côteaux couverts de bois & de
maiſons ; de petites figures s'apperçoivent
dans l'éloignement, & paroiſſent, ainſi
que les autres, peintes par Teniers. Ce tableau, d'une touche facile, & d'une couleur agréable, eſt peint ſur toile. H. 30 p.
l. 42.

110. 10   100 La Vue de pluſieurs rochers d'où tombe de l'eau en caſcades ; des chevres montées ſur leur ſommet, y paiſſent, tandis
que ceux qui les conduiſent jouent du
chalumeau ; à la gauche eſt un lac au delà
duquel eſt une colline plantée d'arbres,
entre leſquels on voit des terres qu'on cul-
tive & des habitations : d'autres collines ſe
ſuccedent & ſont terminées par une plaine.
Ce tableau eſt remarquable par le contraſte
des deux ſites. Il paroît avoir été fait d'a-
près nature en Italie. Sur bois. H. 27 po.
l. 38.

12. 1   101 Une Vue de riviere. A la droite, on
voit des fabriques : pluſieurs Matelots ſont
ſur le devant, deux ſont leur cuiſine : on

voit une Ville dans l'éloignement. Sur toile. H. 20 p. l. 31.

MATHIEU BRIL.

102 Un Payfage ; à la gauche font les ruines d'un ancien Temple, derriere lequel on a conftruit une Eglife ; au bas font des figures de Mendians & de Bohémiens ; à la droite eft une campagne terminée par une Ville. Sur bois. H. 17 p. l. 22.

103 Un Payfage montagneux, & pour figures une Fuite en Egypte. Sur cuivre. H. 18 p. l. 21.

ABRAHAM BLOÉMAERT.

104 Un Tableau peint fur albâtre oriental, repréfentant l'Enfant Jéfus dans la crèche adoré par la Vierge, Saint Jofeph & les Bergers ; huit Anges font au deffus dans une gloire. Il a été peint pour un Prince de la Maifon de Lorraine, & vient en dernier lieu de la Collection de Monfeigneur le Prince de Conty. H. 10 p. l. 5.

J. BREUGHELS, dit DE VELOURS.

105 La Vue d'un Canal en Flandres, bordé d'arbres ; à la droite font trois maifons de Payfans qui font l'entrée d'un Village, derrière lequel eft une vafte prairie, d'où l'on découvre les clochers d'une Ville. Sur le devant font plufieurs barques. Ce Tableau, d'un beau ton de couleur & d'une

grande fineſſe, eſt orné de quantité de figures touchées avec eſprit & diverſement
groupées. Sur bois. H. 9 p. & demi, l. 13.

106 La Vue d'un Village de Flandres très-
conſidérable, où pluſieurs chemins abou-
tiſſent; des Payſans y conduiſent des chariots, d'autres y ſont occupés à différentes choſes; à la gauche eſt un grand moulin à vent. Ce tableau, d'un détail infini
& d'une fineſſe admirable, peut faire pendant du précédent. Sur cuivre. H. 10 po.
& demi, l. 13.

107 La Vue d'un grand Canal de Flandres, bordé à droite & à gauche par des
maiſons; ſur le devant ſont trois bateaux
dont un eſt rempli de paſſagers. Sur bois.
H. 6 p. l. 9 p. & demi.

PIERRE BREUGHELS LE JEUNE.

108 Un Payſage, ſur cuivre, avec riviere;
& pour figure un Saint Bruno en méditation près d'une grotte. H. 6 p. l. 8.

HENRY STEENWICK.

109 L'Intérieur d'une Priſon, d'ans laquelle
on voit pluſieurs Soldats endormis, & dans
l'éloignement Saint Pierre délivré par un
Ange. Ce tableau éclairé par deux lampes,
eſt d'une exacte perſpective. Sur toile. H.
26 p. l. 37.

110 La Vue d'un Temple orné de colonnes;
dans lequel on voit quelques figures. Sur
bois. H. 6 p. & demi, l. 9 p. & demi.

Corneille Molenaer.

111 La Vue d'un Village de Hollande, situé sur les bords d'un canal glacé ; plusieurs personnes le traversent sur la glace ; d'autres y patinent. Ce tableau peint sur bois, d'une belle couleur, porte 13 p. & demi de h. 17 & demi de l.

112 Un moulin sur lequel est un colombier très-élevé ; une petite riviere passe sous un pont sur lequel sont des hommes & des animaux. Ce tableau fait avec art, est sur bois. H. 24 p. l. 18.

113 Une maison de Paysan située sur le bord d'une riviere ; deux hommes sont dans un bateau ; des arbres touffus forment le fond du Tableau. Sur bois. H. 9 p. & demi, l. 12.

114 Deux Tableaux en pendant, représentant divers points de vue ; l'un des Rochers d'où coulent des sources d'eau ; l'autre des terreins ornés de fabriques, ruines & figures. Ils sont d'un beau ton de couleur. Sur bois. H. 16 p. l. 14.

115 Deux jolis Paysages, dans chacun desquels sont des maisons de Paysans. On y voit quelques figures bien peintes. Sur bois. H. 8 p. & demi, l. 7 p. & demi.

Jean Vries.

116 Plusieurs masures & maisons de Paysans, entourées d'arbres, & situées au bord d'une riviere sur laquelle trois Pêcheurs

conduifent un bateau. On apperçoit dans
l'éloignement, le clocher d'un village. Sur
bois. H. 15, l. 19.

JODOLUS MONPER & BREUGHEL.

117 La Vue d'une belle Campagne, dont le
milieu eft coupé par un pont. Les figures
par Breughel de Velours, font auffi fpirituellement touchées que le Tableau dont
le coloris eft très-fin. Sur bois. H. 16 p.
l. 23 & demi.

118 Un Payfage d'un fite montagneux &
aride ; dans le milieu eft un chemin avec
des figures par Breughel. Ce Tableau peint
avec beaucoup de liberté, & tranfparent
de couleur, eft fur bois. H. 15 p. l. 26.

ROLAND SAVERY.

119 Un riche & précieux Payfage, où l'on
voit des Rochers baignés par la mer ; à
droite & à gauche du Tableau font des
arbres, fur le haut & au bas defquels on
voit des animaux de toute efpece ; au milieu eft un vieux colombier ruiné. Ce Tableau, dont les détails font intéreffans,
eft peint fur bois. H. 23 p. l. 48.

120 Un Payfage fur cuivre, repréfentant
des Chutes d'eau à travers des rochers,
dont le fommet eft couvert d'habitations.
Un homme & une femme paffent fur un
pont de bois. H. 5 p. & demi, l. 12.

ADAM WILLARTZ.

121 Une vaste étendue de mer chargée de
vaisseaux ; sur le rivage sont des Pêcheurs
occupés à tirer le poisson de leurs barques ;
à la droite, on voit des rochers & collines
ornés de maisons, & sur leur sommet, une
ancienne tour. Ce Tableau agréable & varié, est peint sur toile. H. 32 p. l. 52.

122 Un Paysage couvert de bois avec de
petites figures sous un ciel nébuleux. Sur
toile. H. 14, l. 19.

PIERRE-PAUL RUBENS.

123 Saint Sébastien attaché à un arbre, &
percé de fleches, peint de grandeur naturelle & en pieds. Ce morceau est de la
plus grande expression & d'un brillant coloris. Sur toile. H. 73 p. l. 48.

124 Le Dieu Pan, accompagné d'un Satyre
tenant des fruits dans sa pannetiere, & les
offrant à quatre Nymphes de Diane qui
reviennent de la chasse avec leurs chiens ;
un Villageois & une Villageoise sont debout auprès du Dieu des Foréts, ainsi que
deux enfans presque nus ; la droite du Tableau présente une riviere qui coule entre
des arbres touffus. Ce morceau, d'une
composition aimable, & rempli d'expression, est le petit de celui qu'on voit à
Saint Cloud chez Monseigneur le Duc
d'Orléans. Sur toile. H. 30 p. l. 43.

125 Le Portrait d'une des femmes de Ru-

bens; elle eſt vue de face & preſque juſqu'aux genoux, ayant la gorge couverte
en partie par un mouchoir de gaze; ſon
habillement eſt noir, & enrichi ſur le devant de pierres précieuſes; elle a les mains
poſées l'une dans l'autre. Le fond de ce
Tableau, qui eſt d'une belle pâte de couleur & tranſparent, eſt un rideau verd
bordé d'une frange d'or. Sur toile. H. 34
p. l. 24.

126 Deux Tableaux en pendant, repréſentant S. Pierre & S. Paul. Ils ſont vus à
mi-corps, ayant chacun les attributs qui
les caractériſent. La touche en eſt hardie
& du plus beau ton de couleur. Sur toile
H. 36 p. l. 30.

127 Une très-belle Eſquiſſe repréſentant un
Empereur couronné de lauriers, aſſis ſur
ſon trône, tenant dans ſa main droite l'épée
de la vengeance dont ſes yeux ſont étin-
celans; un guerrier ſe préſente devant lui,
conduit par Pallas; il tient d'une main
une torche allumée, pour marquer les
horreurs de la guerre: l'Envie eſt terraſſée
ſous ſes pieds. 652.# Vente de dulac

Ce morceau, compoſé avec tout le feu
poſſible, eſt ſur bois. H. 26 p. l. 32.

128 L'Enlevement de Proſerpine; Eſquiſſe
terminée compoſée de neuf figures, d'un
coloris brillant, d'une belle & ſavante
compoſition. Sur bois. H. 14 p. l. 25.   600#
vente dép.

DAVID VINCKENBOOMS.

129 La Vue d'un Canal bordé de maifons ;   37 . 1
à la droite eft une épaiffe forêt, où l'on
voit le Samaritain qui panfe les plaies de
l'Ifraélite bleffé. Ce Tableau peint avec
foin, eft fur bois. H. 13 p. l. 24.

130 Un très grand Tableau, repréfentant à   49 . 1
droite des collines couvertes de bois , &
des vallons où l'eau tombe ; le fond eft
un Payfage immenfe, où l'on diftingue
une riviere, qui paffe fous un pont ; des
Villes , Villages & de hautes Montagnes
fur lefquels le Soleil darde fes rayons. Il
eft enrichi de plufieurs figures bien peintes. Sur toile. H. 54 p. l. 74.

131 Un autre Payfage, avec des figures par   27 . 3
Pierre Breughel. Sur bois. H. 45 , l. 60.

FRANÇOIS SNEYDERS.

132 Une Table chargée de gibier, fruits &   132. 1
légumes ; deux chiens font occupés à regarder un lièvre mort. Ce Tableau peint
avec la plus grande vérité fur toile, porte
52 p. de h. fur 72 de l.

PIERRE NÉEFS.

133 L'Intérieur de la Cathédrale d'Anvers,   55 c
ornée de quantité de figures par François
Franck. Ce Tableau, d'une perfpective
admirable & de l'effet le plus vrai, eft
peint fur cuivre. H. 15 p. l. 19.

Adrien Stalbens.

134 La Vue de plusieurs Maisons situées sur les bords d'un canal glacé, où sont des patineurs. Ce Tableau, sur cuivre, est précieux comme s'il étoit de Breughel. H. 3 p. & demi, l. 5.

135 Deux Tableaux de forme ronde, sur cuivre : dans l'un est une Villageoise qui porte un pot au lait ; un Paysan l'accompagne ; dans l'autre on voit un Paysan & une Paysanne assis, avec un chien devant. Ils sont dans un beau fond de Paysage. H. 14, l. 5 p. & demi.

François Franck.

136 Le Combat des Centaures & des Lapythes aux noces de Pirithoüs. Tableau d'un coloris charmant, & richement composé. Sur bois. H. 14 p. l. 22.

David Teniers le Vieux.

137 Le Laboratoire d'un Chymiste, occupé à souffler sous ses fourneaux. Dans l'éloignement sont deux hommes, dont un broye des drogues dans un mortier ; plusieurs ustensiles analogues sont distribués dans ce Tableau peint sur toile. H. 18 p. l. 24.

138 Un tableau, représentant une roche. On y voit Saint Pierre à genoux, pleurant son péché. Sur toile. H. 20 p. & demi, l. 27.

139 Un tableau qui peut servir de pendant

au précédent, repréfentant des Hermites dans une grotte; on voit la campagne par des ouvertures. Sur toile. H. & l. 30 p.

140 Deux Solitaires affis au-dehors de leur Hermitage qui eft conftruit dans l'épaiffeur d'une forêt. Sur toile. H. 21 p. l. 26.

141 Deux Payfans affis près d'une table, & fumant leur pipe. Un d'eux tient un pot de bierre. Sur bois. H. 8 p. & demi, l. 10 p. & demi.

GUILLAUME NIEULANT.

142 Une Vue de Ruines dans la campagne de Rome; on y voit une femme affife fur un âne, des Hermites près d'une petite Chapelle & d'autres figures. Sur cuivre. H. 10 p. l. 13.

DIRK RASELSS KAMPHUYSEN.

143 Un tableau rendu avec la plus grande intelligence, & d'une touche large; il repréfente une prairie dans laquelle font un bœuf, deux vaches, un bélier & un mouton; le Berger qui les garde eft affis. Sur toile. H. 27 p. l. 30.

HENRY VAN ULIET.

144 L'Intérieur d'une grande galerie pavée de pierres de marbre à compartiment. Sur le devant un homme préfente une fleur à une Dame; une autre s'ajufte devant un miroir: aux deux extrémités font, à la droite, une table fervie où deux perfon-

nes mangent, à la gauche une femme touchant du clavecin, & un homme l'accompagnant avec une guitarre. Ce salon est décoré de tableaux, & laisse entrevoir par trois portes ouvertes d'autres appartemens. Ce morceau d'un grand effet, est peint sur bois. H. 27 p. l. 39.

Corneille Poëlenbourg.

840   **145** L'Adoration des Rois. Ce tableau richement composé, d'une belle ordonnance, & d'un fini précieux, vient de la collection de M. de Julienne. Sur cuivre. H. 16 p. 9 lignes, l. 12 p. & demi. 852 . 19

480   **146** L'Adoration des Bergers qui viennent rendre leurs hommages à l'Enfant Jésus couché sur des langes dans une grotte. Une multitude d'Anges descend sur des nuages. Ce tableau composé de quarante figures, & peint avec la derniere finesse, peut faire pendant au précédent : rien n'est plus rare que de trouver deux tableaux aussi capitaux de ce Maître analogues au même sujet. Sur bois. H. 17 p. l. 14.

387   **147** Un autre tableau de la premiere distinction, représentant le portrait de la Vierge entouré d'une guirlande de fleurs, & porté au Ciel par des Anges : on voit dans le bas un beau Paysage, où l'on aperçoit des ruines, des animaux, des forêts, une riviere, & des montagnes dans l'éloi-

gnement. Sur bois. H. 13 p. & demi, l. 11 p. & demi.

148 Bacchus offrant des préfens & une cou- ronne à Ariane abandonnée par Théfée dans les rochers de l'Ifle de Naxos. On voit dans l'éloignement la mer & le vaif- feau de fon perfide Amant. Le rivage eft couvert des plus rares coquillages: fur le penchant d'un rocher , eft une marche de Faunes & de Bacchantes, dont une eft montée fur un âne. Ce tableau précieufement peint, & d'un bel émail de couleur, eft fur bois.

II. 19 p. & demi, l. 23.

149 Un riche Payfage, d'un fite d'Italie: à la droite, font de belles ruines d'anciens monumens: fur le devant coule une riviere où plufieurs femmes fe baignent. Ce tableau eft d'une fraîcheur admirable , & d'une touche précieufe. Sur bois. H. 11 p. l. 14.

150 L'Adoration des Bergers , compofition de dix-huit figures. L'intérieur d'une voûte furmontée par des groupes d'Anges, forme le fond : une ouverture laiffe entrevoir des ruines & un très-beau ciel. Sur bois. H. 12 p. l. 10 & demi.

151 Un très joli tableau , repréfentant une campagne couverte de ruines : un homme caché derriere un rocher regarde une femme nue qui va entrer dans le bain: trois autres figures, dont un Berger qui garde des troupeaux, font fur le fecond

plan. Un très-beau ciel ajoute au mérite de ce Tableau. Sur bois. H. 6 p. & demi, l. 9 p. & demi.

152 Le Buste d'une jolie Femme ayant autour du col une fraise de mousseline blanche, la tête coëffée avec des perles mêlées de roses. Sur bois. H. 4 p. & demi, l. 3 p. & demi.

JEAN ASSELYN.

153 Un Paysage précieux & du meilleur tems de ce Maître où l'on voit la nature rendue dans son effet le plus vrai ; sur le premier plan, un Chasseur est occupé à remettre sa botte, un Berger garde un troupeau de vaches, dont l'une va boire dans un ruisseau : sur le second plan, sont d'autres figures d'hommes & d'animaux : plus loin on voit des habitations derriere des arbres touffus. Le ciel admirablement peint est celui d'un soleil couchant. Sur toile. H. 31 p. l. 29.

154 La Vue d'un grand Rocher sous lequel des Voleurs ont établi leur demeure. A la droite est une vaste campagne, où l'on voit plusieurs de ces brigands conduisant les dépouilles des passans qu'ils ont pillés. Sur le devant sont des vêtemens & des armes entassés, peints avec tout le soin possible. Ce Tableau, d'une touche naturelle & décidée, est peint sur toile, H. 27 p. l. 34.

155 Une grande voute ſous laquelle ſont
deux hommes, une femme & pluſieurs
animaux ; on découvre un bel horiſon,
dont l'effet eſt un Soleil couchant. Ce
Tableau de mérite eſt peint ſur toile. H.
23 p. l. 19.   200

156 La Vue d'un Torrent qui ſe précipite à
travers des rochers ; dans le bas ſont un
homme à cheval, un chaſſeur avec des
chiens, & quatre autres perſonnes : ce Tableau peint dans la vapeur, eſt très-agréable. Sur bois. H. 12 p. l. 10.   64

157 La Vue d'un grand Rocher, par les ouvertures duquel on découvre des lointains
& un ciel piquant qui porte la lumiere
ſur tout le ſujet. Sur le devant, un homme & une femme conduiſent trois mulets
chargés de bagage ; plus loin eſt un homme arrêté. Ce Tableau, touché avec
beaucoup d'eſprit, eſt peint ſur bois. H.
11 p. l. 9.   52 - 1

158 Un autre Payſage, dans lequel un Payſan ſuivi de ſon chien conduit un troupeau de bœufs. Sur toile. H. 12 p. l. 13.   37

Asselyn & Herman Swanevelt.

159 Deux Payſages en pendant. Ils repré-   40 3
ſentent des Rochers baignés par des rivieres. Ils ſont ornés de figures d'hommes
& d'animaux. Sur bois. H. 11 p. & demi, l. 8 p. & demi.

GERARD SEGHERS.

87.1 160 Une jeune Femme couronnée d'épis, tenant d'une main un flambeau, & de l'autre une coupe dans laquelle une vieille femme verse une liqueur; un jeune enfant vêtu d'une robe bleue la regarde en riant. Ce Tableau, dans lequel l'effet de la lumiere est parfaitement rendu, est peint sur toile. H. 30 p. l. 37.

EGIDE VAN TILBURG.

120 19 161 Trois hommes avec leurs femmes buvant sur une table posée sur des tonneaux à la porte d'une taverne; l'une d'elles prend la bourse à son mari qui dort; une servante, qui est à la gauche de ce Tableau, leur apporte à manger. Le fond est un Paysage. Sur toile. H. 28 p. l. 36.

ALEXANDRE KIERINGS.

162 Un beau Paysage, à la droite duquel sont de grands arbres, & un chemin où passe un Berger qui conduit son troupeau; plus loin une femme porte un paquet sur sa tête; à la gauche est un riche côteau, appuyé à une chaîne de montagnes escarpées, sur lequel réfléchissent les rayons du Soleil; plus bas, près d'un lac, est un vieux château entouré d'arbres: ce Tableau supérieurement peint, est sur bois. H. 18 p. l. 30.

25 4 163 Un joli Paysage approchant de la maniere de Breughel de Velours, & repré-

fentant une forêt ; fur le devant eft un chariot attelé d'un cheval ; plus loin font deux perfonnes & une maifon de Payfans. Sur bois. H. 12, l. 17.

164 Là Vue d'une forêt. Ce Tableau peint fur bois, eft orné de plufieurs figures, & vient du Cabinet de M. le Duc de S. Agnan. H. 13, l. 19.

KIERINGS & POÉLÈMBOURG.

165 La Vue d'une belle Forêt, d'où l'on découvre une riante campagne ; fur le devant s'éleve un grand arbre tortueux fur lequel font des oifeaux ; il répand fon ombrage fur une fontaine d'eau très-pure dans laquelle quatre femmes à moitié nues vont fe baigner. Des jeunes arbres portent la fraîcheur autour de cette fontaine. Ce Tableau, d'une fineffe extraordinaire, & dont les figures ont été peintes avec fatisfaction par Poélembourg, eft un des plus beaux de cet habile Payfagifte. Sur bois. H. 25, l. 34.

KIERINGS & VAN KESSEL.

166 Adam dans le Paradis terreftre, donnant les noms aux animaux ; ce Tableau amufant dans les détails, eft peint fur bois. H. 20, l. 32.

HANS GOVAERT.

167 Le Frappement du Rocher par Moyfe ; les Ifraélites dont on voit les tentes dans

l'éloignement , rempliffent des cruches d'eau. Ce Tableau , très-reffemblant à la maniere de Rotenhamer , eft peint en 1608. Sur cuivre, de forme ovale. H. 11 p. & demi, l. 15.

PIERRE ZAENREDAM.

168 L'Intérieur d'une Eglife réformée. On y diftingue trois figures , dont un homme vétu à l'efpagnol confidérant une épitaphe. Sur bois. H. 19 , l. 35.

JACQUES JORDANS.

169 Diane prête à entrer au bain, & découvrant la groffeffe de Califto. Ce Tableau compofé de quinze figures de Nymphes, eft de la plus riche compofition, & tient beaucoup de la maniere de Rubens. Les figures ont dix pouces de proportion. Un riche Payfage décoré d'arbres, ruiffeaux & cafcades, en fait le fond. Sur le devant du Tableau font les animaux que la Déeffe & fes Compagnes ont tués à la chaffe ; deux chiens font à côté d'elles. Il vient du Cabinet du Bourguemeftre Van Scoorel à Anvers, où il jouiffoit de la plus haute réputation. Toile. H. 26 p. l. 43. *1401. Vente de le Brun.*

170 Diane au bain , accompagnée de fept Nymphes nues , regardant Actéon qui cherche à les furprendre : le fite eft un rocher entouré d'arbres , d'où l'eau tombe en cafcades. Ce Tableau, d'un coloris

vigoureux & du beau faire de ce Maître,
eſt ſur toile. H. 44 p. l. 52.

LUCAS VAN UDEN.

171 Deux charmans Payſages dont les ſites   540
ſont variés , & qui préſentent de vaſtes
campagnes. Ils ſont ornés de figures & de
troupeaux. Une touche légere, un coloris naturel & vigoureux rendent ces deux
Tableaux très-recommandables. Toile. H.
25 p. l. 34.

172 La Vue d'un Lac entouré de rochers,   144
d'où tombent des caſcades : on y voit
au bas un Berger qui garde ſon troupeau,
un homme & une femme qni viennent de
traverſer un pont; un grand arbre eſt placé
au bord du Lac, ſur lequel ſont dans l'é-
loignement des navires : un beau ciel couvert de nuages, donne une vapeur admirable à ce tableau peint ſur bois. H. 15
p. l. 22.   261ᵗ. Vente de le Brun.

173 Un riche Payſage dont l'entrée eſt   150
formée par de grands arbres : on y voit
à la droite la Vierge & Saint Joſeph aſſis : devant eux ſont l'Enfant Jéſus & Saint
Jean-Baptiſte portant enſemble la croix :
un Ange l'adore à genoux : huit Anges
diverſement groupés portent les attributs
de la Paſſion. Les figures de ce Tableau
qu'on pourroit dire peintes par Van Dick,
ſont cerrainement d'un des meilleurs Diſ-
ciples de Rubens. Toile. H. 48, l. 63.

174 Deux Payſages faiſant pendant, laiſſant voir une étendue de pays & des ſituations variées; les figures y ſont très-bien diſtribuées; la fineſſe & le ton de couleur vigoureux ne laiſſent rien à déſirer à ces deux tableaux peints ſur cuivre. H. 10 p. l. 14 p. & demi.

Van Uden et David Teniers.

175 La Vue d'un Payſage coupé d'une riviere; à la gauche de ce Tableau qui eſt d'un ton argenté, eſt un pont de bois qui conduit à une tour au haut de laquelle eſt placé un drapeau; on y voit ſur le devant cinq Payſans qui cauſent enſemble, & qui ſont peints par David Teniers, ſur bois. H. 11 p. l. 18.

Van Uden et Breughel de Velours.

176 La Vue d'une Foire ſur la place d'un Village conſidérable: les chemins qui y conduiſent ſont, remplis de quantité de perſonnes, les unes dans des chariots, les autres à cheval, ou à pied. Toutes ces figures en très-grand nombre, ſont peintes par Breughel de Velours. Bois. H. & l. 14 p.

177 Un autre Payſage, où l'on voit des Moiſſonneurs & pluſieurs autres figures d'hommes & de femmes, & des animaux, qui ſont comme les précédentes peintes par Breughel de Velours. Bois. H. 14 p. l. 15.

LÉONARD BRAMER.

178 L'Intérieur de l'Eglise du Saint Sépulcre à Jérufalem pratiquée dans un rocher: on y voit des Chapelles richement ornées, des Pélerins à genoux, & un Moine deftiné à les fervir. Bois. H. 10 po. l. 13.

OBEMA.

179 La Vue d'un bois tailli dans lequel une femme gardant des moutons, montre le chemin à un Paffager. La nature eft rendue avec toute la vérité poffible dans ce tableau, peint fur toile. H. 20 p. l. 25.

JEAN VAN-GOYEN.

180 La Vue d'un Hameau environné d'arbres, fitué fur le bord d'un chemin. Ce tableau, d'une compofition fimple & d'une touche fpirituelle, eft enrichi de plufieurs figures. Bois. H. 11 p. l. 19.

181 La Vue d'un Village d'Hollande, fitué fur le bord d'un canal. Bois. H. 13 po. l. 21.

THÉODORE ROMBOUST.

182 Une Forêt dans laquelle paffent des Chaffeurs dont l'un accouple des chiens, & parle à une perfonne affife : au milieu de la Forêt eft un chemin d'où l'on découvre la campagne. Ce tableau artiftement fait, eft fur bois. H. 11 p. l. 13.

Daniel Vertaerghen.

270 183 La Vue d'une belle Campagne, où l'on voit des chûtes d'eau qui forment des cascades : à gauche, est un grand rocher sur le sommet duquel sont plusieurs arbres : au bas passe une riviere où des Blanchisseuses lavent du linge : sur le premier plan un Berger & une Bergere tenant un tambour de basque, dansent ensemble au son d'un chalumeau : d'autres Bergers & Bergeres les regardent. Le ton de couleur de ce Tableau est très-agréable, & approche très-près de la beauté de ceux de Poélembourg. Bois. H. 14 p. & demi, l. 20.

184 Un charmant Paysage, sur le devant duquel sont deux femmes, l'une couchée & endormie, l'autre debout & vue par le dos, semble sortir du bain. Des groupes d'animaux sont placés dans ce Tableau, dont le lointain est admirable, & qui a beaucoup de finesse dans la touche. Il vient de la collection de Monseigneur le Prince de Conty. Cuivre. H. 15 p. l. 17.

Jean Miel.

185 Le devant de la Boutique d'un Maréchal qui met un fer à un cheval blanc dont le pied est tenu par un Paysan. Ce Tableau est d'une vérité frappante & d'un beau coloris. Toile. H. 11 p. & demi, l. 15 p.

96 186 Un Opérateur vêtu en Scaramouche :

il eſt monté ſur un cheval blanc; derriere lui eſt ſon Valet habillé en Pierrot, & portant à ſon bras un panier ; à la droite eſt un chien qui boit dans une marre. Ce Tableau d'un ton argenté, eſt peint ſur toile. H. 13 p. & demi, l. 11 p.

187 Un homme aſſis ſur une butte & occu- 18 . 4
pé à ſe retirer une épine du pied: derriere lui eſt un panier dans lequel eſt un pot de terre. Bois. H. 5 p. l. 7 p. & demi.

JEAN DAVID DE HEEM.

188 Une table couverte d'un tapis bleu, 353
ſur lequel ſont deux fortes grappes de raiſin tenant à leur cep, des pêches, des huîtres dans une aſſiette d'argent, deux écreviſſes, deux citrons, & deux grands verres, dont un rempli de vin blanc. Ce tableau qui fait illuſion, eſt du premier mé-rite en ce genre. Bois. H. 16 p. l. 22 p. & demi.

CORNEILLE DE HEEM.

189 Une table couverte d'un tapis verd, & 60
chargée de fruits dont pluſieurs ſont dans un plat d'étain. Ce morceau dans lequel la nature eſt rendue avec la pius grande vérité, eſt peint ſur bois. H. 15 p. l. 12 po. & demi.

JACQUES VAN OOST.

190 Un Payſage, avec quantité d'arbres & 16 11

un étang fur le devant. Latone avec fes deux enfans, infultée par des payfans, adreffe fa priere à Jupiter, qui les change en grenouilles. Ce Tableau, d'un beau ton de couleur, eft fur bois. H. 16 p. l. 17 p. & demi.

JEAN VANDER-LYS.

191 Le Repas des Dieux & des Déeffes : il fe donne fous une grotte, d'où l'on apperçoit un palais & des jardins : des Amours tenant des guirlandes de fleurs, voltigent dans les airs.

Ce tableau fur bois, eft auffi précieux que s'il étoit de Poélembourg. H. 12 po. l. 8.

PHILIPPE VAN-CHAMPAGNE.

192 La Vierge repréfentée à mi-corps, elle a les mains croifées fur fa poitrine, & la tête couverte d'un grand voile. Toile. H. 30 p. l. 24.

193 Deux payfages agréables dans chacun defquels paffe une riviere : on voit dans l'un un départ pour la chaffe au vol ; dans l'autre, des Payfans qui conduifent un troupeau de bœuf & d'autres animaux. Sur toile. H. 18 p. l. 25.

PIERRE NEDEEK.

194 Un Tableau, repréfentant un Prince Turc chaffant dans une forét, & rencontrant deux femmes qu'il pourfuit. Ce ta-

bleau peint en 1639, fur bois, porte 16
p. de h. fur 22 de l.

A L B E R T K U I P.

195 Un Payfage à la droite duquel font de   5..
grands arbres qui paroiffent la fortie d'une
forêt. On y voit un homme monté fur un
cheval blanc: derriere lui font des bœufs
& des moutons conduits par un Pâtre:
vers le milieu, près d'un arbre, font un
Payfan, un jeune garçon & un chien:
dans le lointain eft une riviere qui arrofe
une campagne. Ce Tableau, d'un beau
choix, eft d'une touche fine & d'une
bonne couleur. Bois. H. 27 p. l. 21.

196 Un beau Payfage enrichi d'animaux: 230 l.
l'effet eft au foleil levant: fur le premier
plan, des vaches boivent dans un torrent:
une femme en trait une. Ce bon tableau
eft peint fur bois dans le genre de Berghem. H. 21 p. l. 27.

197 Un Payfage, à la droite duquel font   146 2
deux Pâtres qui fe repofent à l'ombre
d'une haie, & caufent enfemble: vers le
milieu, fur une petite élévation, on voit
des moutons & deux vaches, dont une
blanche & rouffe eft debout: un ciel clair
& d'un ton argentin, répand la lumiere
fur ce bon Tableau. Bois. H. 16 p. l. 20
& demi.

198 Un Payfage, d'un ton doré; il repré-   30. 19
fente l'entrée d'un bois: on voit fur le

premier plan à gauche, un homme, une femme & un chien; sur le second plan, deux hommes qui conduisent une meute de chiens. Bois. H. 10 p. & demi, l. 11.

KUYP ET MOLENAERT.

199 Deux tableaux en pendant. L'un dans le genre de Kuyp, représente la Vue d'un Village situé sur le bord d'un canal glacé. Un homme conduit un cheval qui tire sur la neige un traineau chargé de quatre personnes. L'autre, peint par Molenaert, représente des cascades qui forment un lac. Bois. H. 10 p. & demi, l. 9.

REMBRANDT VAN-RYN.

200 Un Portrait de Femme vue jusqu'aux genoux & de grandeur naturelle ; elle a une toque blanche sur sa tête qui est vue plus que de profil, & porte une grande fraise autour de son col. Sa main gauche est posée sur une table couverte d'un tapis rouge, & l'autre est levée. Ce tableau d'un fini extraordinaire aux ouvrages de ce Peintre, mérite une distinction particuliere. Il vient de la collection de M. de la Live. Toile. H. 40 p. l. 35.

201 L'Intérieur d'une Chambre dans laquelle est un Vieillard malade assis dans un grand fauteuil & endormi ; il a la tête appuyée sur la main gauche, & la droite est dans son habit : devant lui est un feu allumé dans la cheminée, près laquelle

quelle est un pot de terre. Ce tableau,
d'une belle pâte de couleur, & extrêmement fini, a l'expreſſion la plus caractéri-
ſée. Il a été gravé à l'eau-forte par Ram-
brand lui-même. Il vient du Cabinet de
feu M. Aved, Peintre du Roi. H. 19 p.
l. 15. Bois. ✝

202 La Vue d'une vaſte campagne. On y
découvre une grande Ville ſituée au pied
des montagnes, vers laquelle s'avance un
caroſſe attelé de ſix chevaux, & pluſieurs
perſonnes répandues ſur les chemins : ſur
le premier plan, ſont des maiſons bâties
en briques, environnées d'une plantation
d'arbres qui les ſépare d'une petite élévation ſur laquelle eſt un moulin à vent :
dans l'une des cours de ces maiſons, eſt
un puits près duquel eſt une femme ; une
autre tient un ſeau plein d'eau pour le
jetter ſur du linge qui eſt étendu : un canal, qui baigne les murs de la Ville, ſe
diſtribue dans la campagne qui eſt couverte de troupeaux & de moiſſons.

Ce tableau, du meilleur ton de couleur
& du plus grand effet, eſt rempli de détails piquans & variés. Il eſt ſur toile, de
forme ovale, dans une bordure carrée.
H. 27 p. l. 36.

203 Une vieille Femme aſſiſe, & vue juſqu'aux genoux : elle a les mains jointes,
dans l'attitude de prier. Ce morceau, d'u-
ne touche ſavante, rempli de caractere

D

& d'un riche ton de couleur, eſt peint ſur bois. H. 10 p. l. 9.

CÉSAR EVERDINGEN.

56 204 Un Payſage, d'un ſite agreſte & montagneux, à la droite duquel on voit un torrent qui tombe en caſcades. Bois. H. 17 p. l. 22.

EMMANUEL DE WIT.

31 205 L'Intérieur de la Cathédrale de Mayence, d'une architecture gothique, & décorée de tombeaux. La perſpective y eſt admirablement obſervée. Sur toile. H. 23, l. 43.

ANTOINE DE LORME.

1900 206 L'intérieur d'un Temple de Proteſtans, orné de colonnes, & d'une galerie également décorée qui regne autour: il eſt éclairé par un très-grand luſtre de cuivre ſuſpendu à la voûte. A la droite, ſont deux perſonnes de diſtinction qui entrent précédées d'un Domeſtique qui tient un flambeau: derriere eſt un Portier qui chaſſe des enfans qui jouent: à la gauche, eſt un pauvre qui demande l'aumône, & qui la reçoit d'un homme qui tient une lanterne; un grouppe de cinq figures, dont une Femme de qualité avec ſa Suivante, & deux hommes avec des bottines & éperons, deux chiens lévriers près d'eux: le milieu offre environ vingt autres figures, placées fur différens plans. Les effets de lumiere , merveilleufement rendus , la perfpeƈive admirablement obfervée, la beauté des figures , la confervation , l'enfemble de ce tableau , le font regarder avec juftice, comme un chef-d'œuvre de l'Art, digne d'orner le Cabinet d'un Prince. Il eft peint fur bois. H. 42 p. l. 54.

ABRAHAM DIÉPENBEK.

207 Six Amours, oinant de guirlandes de fruits la Statue de Pomone, placée dans une niche. Ce tableau, d'un coloris brillant, a long-tems paffé pour être de Rubens. Il eft un des meilleurs de cette Ecole. Bois. H. 34 p. l. 24.

PALAMEDE STEVENS.

208 L'entrée d'un veftibule, orné de colonnes, entre lefquelles eft fufpendu un rideau de velours cramoifi : une femme accompagne de la guitarre une autre qui chante : un homme placé derriere elle, l'écoute, ainfi que deux autres perfonnes qui font debout : fur le devant , une femme vétue de taffetas couleur de rofe, & tenant un verre à la main, s'entretient avec un Gentilhomme , couvert de fon manteau, ayant à fes jambes des bottes avec leurs épérons : ils font devant une baluftrade qui donne fur la campagne. Ce

tableau, d'une grande harmonie, eſt peint
ſur bois. H. 15 p. l. 18.

GÉRARD TERBURG.

209 Une femme vêtue d'un corſet jaune &
d'une jupe de ſatin blanc garnie de dentelle noire : elle eſt aſſiſe près d'une table
couverte d'un tapis rouge, ſur laquelle
ſont une éguière & ſon plat de porcelaine, une écritoire & un flambeau : elle
lit une lettre qu'un Meſſager debout à la
porte de ſa chambre, vient de lui appor-
ter : une Négreſſe placée derriere elle, ſe
diſpoſe à tirer les rideaux de ſon lit. La
beauté du pinceau, l'expreſſion, toutes
les parties de ce tableau, le rendent d'un
très-grand mérite : il eſt gravé dans la
collection des Maîtres Flamands & Hollandois. Toile. II. 21, l. 19.

210 Une jeune femme aſſiſe devant ſa toilette ; elle eſt habillée d'un manteau de
lit de velours rouge bordé d'hermine, &
d'une juppe de couleur pourpre : derrière
elle, eſt un jeune homme qui lui préſente
une lettre : ſur le mur de la chambre,
on voit un grand payſage dans une bordure d'ébene. Ce tableau, très-fini, eſt
rendu avec la plus parfaite vérité, & peint
ſur bois. H. 15 p. l. 12 p. & demi.

211 La Chambre d'une Courtiſanne, vêtue
d'un manteau de velours bleu, garni d'hermine, mis ſur une jupe de ſatin blanc :

elle eſt aſſiſe près d'une table , ſur laquelle
ſont des huîtres dans un plat , & des fruits
dans un autre : elle tient un verre d'une
main , & un pot de l'autre : un vieux Mi-
litaire en cuiraſſe & en bottes , eſt aſſis près
d'elle , & lui préſente des pièces d'or. On
voit dans la chambre une grande cheminée
& un lit. Ce tableau agréable eſt peint ſur
toile. H. 24 , l. 19.

A D R I E N   B R A U W E R.

212 Un Tableau compoſé de quatre figures
de Payſans : deux ſont aſſis près d'un
tonneau , ſur lequel ils jouent aux cartes :
les deux autres , dont un eſt habillé de noir
& porte un chapeau , ſont attentifs à regarder les Joueurs. Ce morceau , d'une
très-grande fineſſe , & plein d'expreſſion ,
a été enlevé & remis de bois ſur toile. H.
14 p. l. 13.

D A V I D   T E N I E R S   le jeune.

213 L'Intérieur d'une Taverne : trois Payſans & un Soldat , dont deux jouent aux
cartes , ſont aſſis près d'un banc , un cinquième eſt debout , tenant un verre de
bierre : trois autres ſont près de la cheminée , & ſe chauffent : différens uſtenſiles
ſont diſtribués dans la chambre. Ce tableau
capital eſt peint avec une vigueur & une
magie étonnante , ſur bois. H. 36 po.
l. 46.

14 Un riche Payſage. Sur le premier plan   742

un Berger, fuivi d'une femme tenant un pot au lait, conduit un troupeau de bœufs & de moutons : plus loin un autre Berger jouant du chalumeau , conduit d'autres moutons fur un pont qui mene à une ferme devant laquelle font deux hommes, une femme & trois vaches : elle eft adoſſée à des montagnes, au bas defquelles font des arbres qui s'étendent jufques fur une riviere qui arroſe une vafte campagne. Ce tableau , d'un beau ton tranſparent, & d'une touche vraie & fpirituelle, eft du bon tems de ce Maître. Toile. H. 25, l. 34.

800   215 Deux Tableaux en pendant. Dans l'un neuf Convives, dont une femme, font aſſis autour d'une table fervie : un homme vêtu de bleu , chante en tenant un verre de bierre, un autre coupe du jambon : une Servante fort, tenant un pot & un plat : un baquet, un chien , des cruches, un ballet, font dans la chambre à terre. L'autre Tableau repréſente une tabagie, compoſée de neuf figures , dont deux jouant aux cartes, d'autres buvans de la bierre, fumans & fe chauffant devant la cheminée. Ces deux morceaux, du bon tems du Maître, font agréables par l'effet & la compoſition. Toile. H. 10 p. l. 13.

370   216 Un Pont, au bout duquel eft une ancienne Tour ruinée : au delà on voit une maifon, devant laquelle font des arbres :

un homme conduit trois bœufs qui tra-
verſent le pont qui domine ſur une campagne étendue , terminée par des montagnes. Sur le devant, ſont des Pâtres qui
gardent des troupeaux qui paiſſent ſur le
bord de la rivière. Ce tableau, tranſparent de couleur, eſt d'une jolie & aimable compoſition. Bois. H 10 po. l. 13.

217 Un intérieur de Chambre. Trois Pay-   320
ſans , dont deux aſſis & un debout ſont
autour d'une table ; un des trois tient du
tabac à fumer dans du papier : un autre
tient un pot de bierre & ſa pipe ; un troiſième les regarde : une femme portant un
pot & une aſſiette, entre dans la chambre : dans le fond, un homme eſt appuyé
contre le mur. Un tonneau & de la poterie
ornent ce tableau, qui eſt d'un ton argentin, & du bon tems du Maître. Bois. H.
10 p. l. 13.

218 La Vue d'une Egliſe de Village , de   224
quelques chaumières, & d'arbres. Un Payſan parle avec le Curé qui ſort de ſon
Egliſe ; trois autres Payſans, arrétés près
d'une croix, cauſent enſemble ; d'autres
figures , touchées avec eſprit, ſont diſtribuées dans ce tableau, dont le ton de
couleur eſt très-argentin. Toile. H. 14 p.
l. 20 p. & demi.

219 Trois Fumeurs aſſis autour d'une table,   180
& buvant de la bierre : une femme les regarde par une fenêtre : un homme eſt

D iv

appuyé contre le mur. Ce tableau eſt auſſi du bon tems de ce Maîtie. Toile. H. 12 p. l. 8 p. & demi.

220 Un homme occupé à lire le Grimoire, & auquel les Diables apparoiſſent ſous diverſes formes. Ce tableau, d'une touche vigoureuſe, & du bon tems du Maître, a été gravé par Baſan, ſous le titre de la Lecture Diabolique. Bois. H. 9 p. & demi, l. 8 p. & demi.

221 Le devant d'une Maiſon de Payſan. Un homme entre dans cette maiſon ; une femme, qui vient d'en ſortir, jette du grain à des poulets; pluſieurs poules ſont près de l'étable à porc. Sur le devant, eſt une marre d'eau, dans laquelle ſont des oies & canards : des pigeons ſont à la porte de leur colombier : deux autres maiſons & des arbres ſe voyent dans l'éloignement. Ce tableau d'un bon coloris, a été gravé à l'eau-forte par Teniers. Bois. H. 13, l. 17.

222 Le Tems, ſous la forme d'un Vieillard, aſſis près d'une table, tenant d'une main un ſablier, & de l'autre ſa faulx ; on voit dans l'éloignement des ruines qui ſont ſon ouvrage; un voile noir s'étend derrière lui. Toile. H. 17, l. 14.

223 Un Tableau, tranſparent de couleur, repréſentant quatre Payſans & une femme qui tient ſon enfant devant une cheminée. Une autre femme, tenant un enfant par

la main, entre dans la chambre. Ce tableau, fur bois, vient de la Collection de Monfeigneur le Prince de Conti. H. 7 po. l. 6.

224 Deux tableaux, d'une touche large & du meilleur ton de couleur, repréfentans des Payfages. Dans l'un, font deux Bûcherons. Dans l'autre, eft une grande chaumiere, à la porte de laquelle eft une vieille femme. A la droite, trois Payfans, tenant des bâtons, caufent enfemble. Toile. H. 25 p. l. 31.

225 Deux Payfans, vus à mi-corps, près d'une table. L'un eft occupé à lire un papier. Cuivre. H. 5 p. & demi, l. 4 po. & demi.

226 Un autre Tableau, repréfentant un Payfan vu à mi-corps, tenant un pot de bierre & un verre. Sa femme eft derrière lui, qui lit un papier. Bois. H. 6 p. & demi, l. 5.

227 Trois Pâtres, dont deux jouent aux cartes. Près d'eux, font des troupeaux de bœufs & de moutons. A la gauche, eft une haute colline, fur laquelle font des maifons; on y voit auffi des troupeaux dans l'éloignement. Toile. H. 21, l. 30.

228 Une charmante copie de la petite Fête Flamande, dont l'original étoit chez M. Randon de Boiffet, faite par un Artifte d'un talent fupérieur, & du tems du Maître. Cuivre. H. 6 p. l. 7.

Tableaux, Pastiches de différens Maîtres, par David Teniers.

229 Un Pastiche de Teniers, dans le genre de Metzu; il représente la maison d'une Fruitiere de campagne, devant laquelle font étalées différens légumes fur des tables & dans des paniers. Une Villageoife tenant un pot de cuivre à fon bras, paroît demander le prix des artichaux, que la Marchande lui montre Un Vieillard fort de fa maifon, tenant un panier chargé de fruits. Sur le devant eft un chien lévrier. On voit dans l'éloignement une femme qui defcend d'une colline, fur laquelle font des maifons

Ce Tableau, d'un fini admirable, fait connoître l'univerfalité des talens de cet Artifte qui faififfoit le genre de tous les Maîtres. Bois. H. 18 p. l. 24.

230 Une Tabagie, compofée de cinq figures affifes près du feu. Une femme qui a l'air au deffus du commun, tient un verre de bierre. Un Payfan lui met la main fur l'épaule, & la regarde en riant. Un autre met du tabac dans fa pipe. Ce Tableau, dans le genre de Brauwer, eft peint avec une vérité inconcevable & une grande fermeté de touche. Bois. H. 12 p. l. 17.

231 Les trois Maries & la Vierge, tenant le Chrift mort. Derrière elles, font d'un côté Saint François qui montre fes ftigmates,

de l'autre Sainte Scolaſtique. Les inſtrumens de la Paſſion ſont ſur le devant de
ce Tableau, qui eſt dans le genre des Peintres Vénitiens, & qui fait voir à quel degré Teniers imitoit tous les Maîtres. Sur
bois. H. 11 p. l. 8.

232 Un Payſage dans la maniere de Salvator Roſe, & qu'on ne feroit aucune dif-
ficulté de lui donner, ſi le Peintre ne s'é-
toit décélé dans quelques parties. Il repréſente un Pays montagneux & des lointains très-étendus, d'où ſort un fleuve qui
tombe ſur le devant en caſcades. On y
voit deux Bûcherons. Toile. H. 26 po.
l. 32.

233 Deux tableaux, parfaitement reſſem-
blant au faire de Jacques Baſſan ; ils repréſentent des troupeaux. Dans l'un, on
voit un Berger qui joue de la flûte. Dans
l'autre, deux enfans, dont un à genoux,
boit dans un vaſe. Ces deux morceaux,
ſupérieurs en ce genre, ſont peints ſur
toile. H. 13 p. & demi, l. 17 p. & demi.

234 Un Paſtiche, dans le genre du Tintoret, repréſentant Jéſus-Chriſt au Jardin
des Olives. Toile colée ſur bois. H. 15
p. l. 11.

235 Daniel dans la foſſe aux Lions, paſtiche dans la manière italienne. Toile. H.
21 p. l. 32 p. & demi.

236 Un autre paſtiche, dans le genre des

anciens Maîtres, repréfentant les Pélerins d'Emaüs. Toile. H. 23 , l. 27.

ADRIEN VAN OSTADE.

5000 237 Un Chymifte foufflant avec activité le feu, fur lequel eft un creufet dont la vapeur s'exhale dans une grande cheminée. Des préparations chymiques font autour de lui. On voit des cornues, des alambics, des mortiers, tamis, vafes & fioles remplis de drogues, la pipe & fes lunettes pofées fur un fiége de bois à trois pieds. Un vieux Livre eft jetté par terre, où eft auffi un papier avec ces mots, *Oleum & operam perdis,* qui font voir qu'il s'occupe du grand Œuvre. Au fond de la chambre, eft une femme affife fur un banc, qui nettoye fon enfant ; une petite fille, fuivie d'un chien, qui va chercher à manger dans un bas d'armoire, & un petit garçon affis à terre, qui porte un morceau de pain à fa bouche. Ce tableau peint en *1661,* eft inconteftablement un des plus beaux de ce Maître : on en connoît peu qui puiffe l'égaler, foit pour l'expreffion, & le grand fini, foit pour la plus parfaite confervation. Il vient du Cabinet de M. de la Live. Bois. H. 12 p. & demi, l. 16 & demi.

5500 238 Une Tabagie, compofée de cinq figures d'homme, l'un jouant du violon, le fecond appuyé fur une table & fumant fa pipe, le troisième assis sur une chaise de paille, tenant un verre rempli de bierre, & chantant; le quatrième debout devant la cheminée, & le cinquième remplissant sa pipe de tabac. Un buffet ouvert laisse appercevoir différens ustensiles. Sur le plancher, sont des bancs, & un pot à bierre. Ce tableau, d'une riche composition & d'un beau ton de couleur, est sur bois. H. 14 p. l. 12.

239 Une Tabagie, composée de trois Paysans assis autour d'une table, Ce tableau très-fin, de forme ronde, dans une bordure carrée, est sur bois, & porte 5 p. de diamètre.

240 Un Intérieur de Chambre, où l'on voit trois Paysans, dont deux sont assis près d'une table : ils sont occupés à boire & à fumer. Sur un plan éloigné, un homme vu par le dos est appuyé sur une porte, par l'ouverture de laquelle on découvre la campagne. Ce morceau, d'un beau ton de couleur, est peint sur bois. H. 10 po. 3 lig. l. 8 p.

241 Un autre Tableau, du même genre, & composé de trois figures vues à mi-corps. La chambre où ils sont, est éclairée par une croisée donnant sur un jardin. H. 8 p. & demi, l. 7.

242 L'Intérieur d'une Chambre, où l'on voit une Famille prenant son repas. Ce tableau, d'un coloris vigoureux & transf-

parent, eft dans le genre d'Oftade. Bois.
H. 9 p. l. 8.

ISAAC OSTADE.

243 Le Dehors d'une Maifon de Payfan,
à la porte de laquelle on voit un cochon
ouvert, & attaché à une échelle. Plus loin
une vieille femme & une petite fille font
occupées à faire du boudin. Différens
uftenfiles de Ménage, & une vigne qui
s'étend autour de la maifon, ajoutent à
l'effet de ce Tableau, dont les détails &
la vérité de la touche ne laiffent rien à
defirer. Bois. H. 17, l. 14.

WILLEM VANDEN-VELDE.

244 Une Vue de Mer chargée de plufieurs
vaiffeaux & barques. Sur le devant, deux
Matelots conduifent un bateau près d'un
banc de fable. Le ton de couleur de ce
Tableau eft pur, & rend parfaitement
l'effet d'un beau calme. H. 12 p. l. 13.

SIMON DE VLIEGER.

245 Une Vue de Mer chargée de plufieurs
barques de Pêcheurs, prife du haut de
deux collines, fur le fommet d'une defquelles on apperçoit une Ville. Ce Tableau, d'un ton argentin & d'un ciel vaporeux, eft peint fur bois. H. 13 p. l. 19.

246 Un autre Tableau, repréfentant une
Vue de Mer, fur laquelle font des barques où des Matelots s'occupent de la

Pêche. On voit deux Villes dans l'éloignement. Il eft du mêmeton que le précédent.
Bois. H. 24 p. l. 20.

247 Une Vue de Mer par un tems d'orage. 20
Elle eft chargée de vaiffeaux & de barques dans l'une defquelles font des Paffagers. Toile. H. 22 p. l. 29.

248 Une Rade, où plufieurs vaiffeaux de 150
guerre font à l'ancre. On voit dans l'éloignement le port. Sur le devant, des Matelots s'occupent de la pêche. Ce tableau,
d'une belle couleur, eft peint fur bois. H.
16 p. l. 19.

249 Deux Payfages, ornés de figures. Ils 20
font peints fur cuivre, & ont des bordures
de bronze. H. 4 p. & demi, l. 6 p.

250 Un autre Payfage, d'une riche compofition. On y voit deux figures près d'un
rocher d'où fort une fontaine, des troupeaux, & une rivière dans l'éloignement.
Toile. H. 27, l. 38.

GÉRARD DOW.

251 Le Bufte d'une jeune Femme vue de
trois quarts, couverte d'un manteau fourré, ayant une chemife plilfée fur laquelle
pend une chaîne d'or : les cheveux blonds
tombent négligemment fur fon épaule.

Ce Tableau, fur bois, de forme ovale, eft peint dans le tems que cet habile
Artite travailloit avec Rembrand, &
réunit à la manière de ce Maître le coloris

de Rubens. Il eſt dans une riche bordure
carrée. H. 16 p. l. 13.

252 Un Vieillard vénérable, repréſenté à
mi-corps devant une table. Il a une barbe
blanche, & eſt coëffé d'une toque. Dans
ſes mains qui ſont croiſées, il tient une
paire de gands. Son habillement de velours pourpré eſt garni d'hermine. Ce tableau, d'une grande fineſſe de pinceau,
eſt inconteſtablement de Gérard Dow,
étant dans l'Ecole de Rembrand. Il eſt
d'une harmonie & d'un ton de couleur
admirable, & vient de la Collection de
Monſeigneur le Prince de Conti. Bois. H.
20 p. l. 16 p. & demi.

Gabriel Metzu.

253 Une Dame qui paroît être une Reli-
gieuſe, préſente ſur le pas de la porte de
ſa maiſon du vin à un Cavalier dont le
Domeſtique tient le cheval par la bride.
Ce précieux Tableau vient du fameux
Cabinet de Lubling à Amſterdam, & ſe
trouve cité dans la Vie des Peintres Hollandois par Deſcamps, tome 2, page 243.
Il eſt gravé par le Tellier. Toile collée ſur
bois. H. 48, l. 19.

254 Un Intérieur de Chambre, dont la
porte ouverte laiſſe voir la campagne. Un
Homme vêtu à l'eſpagnol, coëffé d'un
chapeau garni de plumes, & tenant un
fuſil, en ſort. Il regarde d'un air riant une
jeune

jeune femme qui eſt près de lui, & qui tient deux citrons dans ſa main. Dans l'enfoncement de la chambre, & près d'une cheminée, ſont pluſieurs perſonnes autour d'une table. Ce tableau vient du Cabinet de M. Péters. Toile. H. 38, l. 24.

255 Une magnifique copie de l'Ecailleuſe de poiſſon. Tableau cintré, ſur bois. H. 12, l. 9.

Thomas Wyck.

256 Un Chymiſte dans ſon Laboratoire, occupé au grand Œuvre. Sa femme eſt aſſiſe près de la cheminée. Des fourneaux, fioles, vaſes, uſtenſiles de cuivre & de verre, & une quantité de livres ouverts, ſont diſtribués dans ce tableau qui eſt du meilleur faire de ce Maître. Toile collée ſur bois. H. 17 p. l. 14.

257 Un autre Laboratoire. On y voit un Chymiſte devant une table, feuilletant un gros volume. Des objets analogues à ſon Art, ſont répandus avec la plus grande vérité dans ce Tableau, peint ſur bois. H. 15, l. 13.

Govaert Flinck.

258 Le Portrait, à mi-corps, d'une Femme coëffée d'un bonnet noir à bec, ayant une grande fraiſe blanche pliſſée autour du col; elle eſt vétue d'une robe de ſoie noire garnie d'une dentelle noire. Un coloris parfait, une dégradation heureuſe dans les

teintes des carnations, rendent ce tableau
si supérieur, qu'il est difficile d'en trouver
un où la nature soit si bien rendue. Toile.
H. 27 p. l. 24.

HANS JORDANS.

36. | 259 Le Pillage d'un Village par un Parti de
Cavalerie. Ce tableau, d'une composition
intéressante & variée, est peint sur bois.
H. 22 p. l. 30.

PIERRE VANDER FAES, dit LELY.

25 260 Le Portrait en pied de l'Amiral Ruy-
ter. Toile. H. 64 p. l. 42.

120 261 Les portraits historiés de Vandick, Jean
David de Heem & Breughel. Ils font assis
autour d'une table, & paroissent discourir
sur la Peinture. Dans le fond de la Chambre, font placés sur le mur trois Tableaux
qui caractérisent le genre de chacun de
ces Peintres. Ce tableau rendu avec beaucoup de vérité, est certainement de l'E-
cole de Rubens. Bois. H. 18, l. 14.

GONSALES COQUES.

60. | 262 Archimède assis au bas d'une colonne
d'où l'on découvre la campagne, & tenant
sous sa main un globe. Ce tableau,
plein de caractere, est bien fondu dans
les draperies, & du bon tems de ce Maître. Bois. H. 14 p. l. 11.

32 263 Le Portrait d'un jeune Enfant coëffé
d'une toque rouge avec une plume. Il est

vêtu d'une robe de velours cramoisi , avec
des boutonnieres brodées en or , & porte
une ceinture blanche également brodée
en or. Bois. H. 24 p. l. 18.

CORNEILLE BEGA.

264 L'Intérieur d'une Maison de Paysan.
Une femme assise près d'un tonneau, s'a-
muse à chanter. Un homme la tient em-
brassée ; un Vieillard lui présente un verre
de bierre. Ce tableau, d'un bon effet , est
peint sur toile collée sur bois. H. 11 po.
l. 9.

265 L'Intérieur d'une chambre où des Pay-   100
sans chantent en buvant de la bierre ; on
y voit deux femmes dont une est assise. Des
ustensiles de Ménage sont distribués dans
ce logement. Cuivre. H. 12 p. l. 15.

HEEMSKERCK.

266 Une Chambre , dans laquelle on voit   80
trois Paysans devant une cheminée ; l'un
est assis sur un petit banc, tenant d'une
main un verre de bierre, & de l'autre sa
pipe. Ce Tableau aussi fin qu'on puisse le
désirer de ce Maître , est peint sur bois. H.
9 p. l. 7.

267 Une composition d'onze figures , qui
sont occupées à se divertir. Sur le devant
une femme assise , tenant une chanson ,
parle à un garçon assis près d'elle. Bois. H.
14, l. 17.

268 Des Soldats se divertissant avec des

femmes dans une hôtellerie. Toile. H. 13
p. l. 17.

48 269 Trois Payfans dans une chambre, affis
près d'une table, occupés à boire & fumer. Ils font vus à mi corps. Bois. H. 8,
l. 7.

Pierre Gysen.

270 La Vue d'un Village de Flandres, fitué
fur un canal qui eft gelé, & où des perfonnes patinent ; la neige eft répandue fur
les maifons & dans la campagne. Ce tableau eft un des meilleurs de ce Maître.
Cuivre. H. 7 p. l. 9.

Willem Van-Blemmel.

400 271 La Vue d'un beau Payfage, dont l'é-
loignement offre une campagne étendue
arrofée d'une rivière. Une Forêt occupe
le devant du tableau ; on y voit un halte
de chaffe. Un Chaffeur, monté fur un
cheval blanc, donne du cor pour rappeller les chiens qui fe raffemblent autour
de lui ; d'autres Chaffeurs font déjà affis ;
on en découvre plus loin qui arrivent. Ce
tableau, d'une grande vérité, & où les
lumières & les ombres font obfervés avec
foin, eft peint fur toile.

Le Petit Moyse.

38 272 La Vue de l'iffue d'une Forêt, d'où l'on
voit un pays très-étendu. Ce Tableau,
fur bois, eft touché avec force, & orné

de petites figures. H. 14 po. l. 21 po. &
demi.

PHILIPPE WOUWERMANS.

273　La Vue d'un terrein coupé de collines ;　2401
à gauche , fur le premier plan font trois
chevaux attachés à des arbres , dont un
rue ; plus loin, trois autres chevaux & trois
perfonnes font arrêtés. Au-deffus de la
colline , eft une charette attelée d'un cheval. Au milieu du tableau , font onze Soldats qui font une halte ; à la droite , on
voit deux chevaux , fur l'un defquels un
Cavalier attache fon manteau ; dans l'éloignement , font une tour éclairée du Soleil , des moulins à vent , des terreins fer-
més de haies , & des Villages terminés par
des montagnes.

Ce Tableau , d'une riche compofition ,
d'un beau coloris , & d'un ton tranfparent , eft du bon tems de ce Maître Toile.
H. 25 p. l. 36.

274　La Vue d'une Hôtellerie , près de la-　1404
quelle des Paffans font affis. Une femme
eft à la fenêtre ; une autre tient un enfant
par la main ; trois chevaux , dont un
blanc , font attachés à un ratelier ; un
homme leur porte à manger. Un Voyageur tient un autre cheval par la bride.
Sur la droite , font deux perfonnes affifes ; trois autres arrangent une meule de
foin. Ce tableau , d'une grande correc-

tion de deſſin , eſt peint avec beaucoup
d'harmonie. Il eſt du bon tems de ce Maître. Toile. H. 17 p. l. 20.

1160 275 Un Tableau, d'une très-grande compoſition ; il repréſente une eſpece de fête ;
des Payſans , hommes , femmes & enfans,
raſſemblés devant un cabaret, forment
différens groupes ; l'un d'eux, monté ſur
un tonneau, joue de la muſette ; derrière
lui , eſt un bouquet d'arbres , qui ſe déta-
che ſur un beau ciel. Ce morceau , reſſem-
blant dans quelques parties au genre de
Bambcche, eſt auſſi intéreſſant par ſa
touche ſpirituelle, que par le beau ton de
couleur qui y regne. Toile. H. 24 , l. 32.

86, 276 Un Payſan arrêté à la porte d'un Maréchal , & faiſant ferrer un cheval blanc.
Un enfant coëſſé d'un grand chapeau eſt
debout. La porte de la maiſon du Maréchal , ouverte , laiſſe appercevoir un homme qui travaillle à la forge ; on voit dans
l'éloignement deux hommes , les maiſons
& le Clocher d'un Village ; un petit ruiſſeau occupe le devant du terrein. Ce tableau , du bon tems du Maître , eſt d'un
effet juſte , & pris dans la nature. Il eſt
gravé ſous le titre de la petite Forge du
Maréchal. Bois. H. 16 p. l. 13.

500 277 Un Payſage d'Hiver , vu dans un tems
de neige. Sur le devant , au bord d'une
riviere glacée, ſont des Bûcherons occupés à abattre de grands arbres , tandiſ

que d'autres en chargent le bois dans une
voiture. A la gauche, est une maison près
de loquelle une Dame se fait conduire en
traîneau. Ce tableau, dont on trouve l'es-
tampe, est rendu avec vérité & d'un ton
de couleur analogue au sujet. Bois. H. 17 p.
l. 23.

278 La Vue d'une Rivière & du passage d'un   120
Bac dans lequel sont deux Passans & le
Conducteur. Sur le premier plan, est une
Paysanne ayant deux moutons près d'elle;
des lointains & une chaumière environnée
d'arbres terminent la composition de ce
bon & agréable tableau qui est peint sur
bois. H. 11 p. l. 8.

279 Un Ecuyer, tête nue, tenant un che-   100
val blanc par la bride. Plus loin, un
homme embrasse une femme près d'un
arbre. Sur le devant est un ruisseau : des
montagnes se voyent dans l'éloignement.
Bois. H. 13 p. l. 11.

280 Deux superbes copies d'après les ta-   363. 1
bleaux originaux qui ont appartenu à M.
de Voyer; l'un représentant des Voyageurs arrêtés à la porte d'une hôtellerie
placée sur une éminence ; l'autre une belle
campagne, où passent plusieurs personnes
sur un chemin qui borde un lac où des
hommes se baignent. Bois. H. 9 p. l. 12.

281 Une belle & ancienne copie, faite dans   77
l'Ecole de ce Maître, & d'après lui : elle représente une Halte de Soldats & Cavaliers

près la tente d'un Vivandier. Bois. H. 13;
l. 18.

PIERRE WOUVERMANS.

282 Une Bataille d'une grande & riche
composition. Sur le devant, est un choc de
Cavalerie, & un Officier étendu mort.
Toile. H. 51 p. l. 75.

283 Un tableau d'un effet piquant & d'une
touche ferme. Il représente une éminence
d'un terrein sabloneux, à la gauche duquel tourne un chemin où l'on voit un
Chasseur habillé de rouge ayant son chien
devant lui ; dans le fond, en plan coupé,
on découvre le toît d'une Ferme ; une
mare dans laquelle un cheval boit, occupe la droite. Bois. H. 12 p. l. 17.

284 Deux tableaux en pendans, représentant des Paysages de sites élevés, sur le
haut desquels sont construites des habitations. Dans l'un, on voit un Berger & des
chevres ; dans l'autre, un Chasseur qui tire
un coup de fusil. Ils sont d'un bel effet.
Bois. H. 25, l. 18.

GROOM.

285 Un Paysage, dont la gauche présente
une touffe d'arbres, au bas desquels sont
des Bohémiennes. Dans le milieu, un Berger se fait dire sa bonne aventure par une
de ces femmes. On voit à la droite du tableau un Cavalier. L'horison se termine
par des lointains de prairies & de monta-

gnes. Ce tableau qui tient du genre d'I-
faac Oſtade eſt peint ſur bois. H. 15 p.
& demi, l. 29.

B L O E L.

286 Une Foire de Village, où l'on a conduit une quantité de porcs. Ce bon tableau, dont les figures ſont en grand nombre, eſt rendu avec véiité. Bois. H. 14
p. l. 21.

JEAN BOTH, dit BOTH D'ITALIE.

287 Un riche Payſage, avec de grands arbres. Sur le devant eſt un ruiſſeau; un
homme y fait boire ſon cheval ; deux
Chaſſeurs tiennent près de lui une meute
de chiens : au ſecond plan, deux femmes
lavent du linge dans une fontaine. Le ſite
de ce tableau eſt très-intéreſſant, le ciel
en eſt brillant, & le lointain admirable.
Toile. H. 27 p. l. 33.

288 Un Payſage montagneux, orné de fabriques & chûtes d'eau : on voit ſur une
roche des Paſſans qui conduiſent un mulet. Toile. H. 23, l. 19 & demi.

ANDRÉ BOTH ET BAUDWINS.

289 Un joli Payſage au milieu duquel coule
une rivière. Un Payſan la traverſe, conduiſant un chariot de foin. Pluſieurs autres
figures enrichiſſent le tableau. Toile. H.
15, l. 21 p. & demi.

A. Bois.

290 Deux Tableaux en pendant. Ils repréſentent l'un & l'autre une Vue de forêt dans laquelle ſont des chemins tracés fréquentés par des Voyageurs. Ces deux morceaux d'une touche ſpirituelle, ſont d'un ton de couleur très-vigoureux. Bois. H. 22 p. & demi, l. 18.

BARTHOLOMÉ BRÉEMBERG.

291 Un Tableau capital, repréſentant à la droite les ruines d'un ancien Palais. Une femme qui paroît être la Souveraine portant un carquois rempli de fleches, poſe une couronne de fleurs ſur la tête d'une autre femme qui eſt à genoux devant elle, & tient une flcche en ſa main ; elle eſt accompagnée de huit autres femmes ; à gauche, ſont trois femmes dont deux s'embraſſent ; la troiſième tient des roſes ; le milieu offre un Payſage étendu où l'on voit dans l'éloignement trois autres femmes armées d'arcs & de fleches, & une tour fort élevée, contigue à pluſieurs édifices. Le ſujet & les figures de ce beau tableau ſont traités avec nobleſſe ; & quoique ces figures ſoient plus grandes qu'il ne les peignoit ordinairement, elles ſont auſſi précieuſes & auſſi finies que celles de ſes petits tableaux. Toile. H. 28 p. & demi, l. 38.

292 Deux tableaux de forme ovale, dans des bordures à coins ; l'un repréſente une

chûte d'eau ; fur la droite , font deux bœufs & leur conducteur fur une éléva- tion près d'un bois ; la gauche offre une maifon entourée d'arbres , au bas de la- quelle font des troupeaux. Le fecond ta- bleau repréfente l'entrée d'un Hermitage devant lequel eft une croix ; un homme conduit un cheval chargé ; trois autres font fur un fecond plan , & plus loin un Berger venant d'un Hameau conduit un troupeau de mouton. Ces deux Tableaux d'un mérite fupérieur , font décorés d'un beau ciel d'Italie, où l'Auteur les a peints. Bois. H. 9 , l. 12.

293 Une ancienne Ruine , au bas de la- quelle eft une chaumière ouverte , où les Bergers viennent adorer l'Enfant Jéfus ; leurs troupeaux font répandus dans la campagne ; une femme qui vient d'offrir , fes préfens fort de l'étable.

Ce tableau , dont les figures font pein- tes par Corneille Poélembourg , eft d'une fineffe étonnante , & mérite l'attention des Connoiffeurs. Bois. H. 13 p. l. 17 & de- mi.

294 Le Baptême de Jéfus-Chrift , compo- fition de plus de vingt figures peintes par Corneille Poélembourg. Ce tableau, dont le fite paroît être pris dans les environs de Rome, eft enrichi de belles ruines, de fabriques & de lointains agréables. Le ciel, d'un effet analogue au fujet, pré-

fente une gloire où les Anges forment
différens groupes. Ce morceau, d'un pinceau moëleux , eft peint fur bois. H. 9 p.
l. 13.

295 Deux Tableaux de forme ovale , dans
des bordures quarrées , faifant pendant.
L'un repréfente une campagne ornée de
ruines de beaux édifices, & couverte de
troupeaux. Sur le devant eft la lutte de
l'Ange avec Jacob. L'autre repréfente une
campagne très-étendue , arrofée par une
rivière. On voit à la droite un ancien
bâtiment , fitué fur un rocher, au bas duquel eft un troupeau de bœuf qu'un Berger
garde. Les deux figures placées fur le premier plan , défignent un fujet de l'Hiftoire de Tobie. Ces deux Tableaux , d'un
ton argentin , ont été peints en Italie , &
viennent du Cabinet de M. de Gagny.
Bois. H. 10 p. & demi , l. 16. +

296 Une belle Campagne des environs de
Rome ; à la gauche, font de beaux lointains arrofés d'une rivière ; à droite, des
Ruines d'édifices & des arbres ; fur le devant , un Berger tenant une cornemufe ,
parle à une femme ; d'autres perfonnes ,
conduifant des troupeaux , font fur des
chemins. Ce Tableau, précieufement peint
vient de la Collection de M. le Duc de
Saint Aignan. Bois. H. 9 p. & demi , l.
14 p. +

297 Deux Tableaux en pendans , peints fur

cuivre. L'un repréſente des rochers & une
chûte d'eau ; ſur le devant, eſt un pont
de bois ſur lequel un homme habillé de
rouge fait paſſer un âne ; à la gauche, eſt
un chariot attelé de deux bœufs, conduit
par un homme. L'autre repréſente une
rivière, un pont, de beaux lointains, &
une grande nappe d'eau; on y voit quatre
hommes & une femme. Ils ſont du bon
tems du Maître, & viennent de la Collection de M. le Duc de Saint Aignan. H.
10 p. l. 13 p. & demi. , 200

298 Un Rocher, d'où l'eau tombe à travers
des arbres & brouſſailles, ſur différens
plans. Ce Tableau précieux eſt orné de
pluſieurs figures, dont la principale eſt
une femme portant un paquet ſur ſa tête
& ayant près d'elle un enfant. Cuivre. H.
6 p. l. 8 p. & demi.

299 La Vue d'un Lavoir, ſitué ſous une ro- 86
che. On y voit une grande pierre qui ſert
de table, près de laquelle ſont deux hommes; une femme qui vient de laver du
linge, ſort de la grotte. Bois. H. 6 p. l. 9.

300 Un Payſage de forme ronde, repréſentant une grotte & des ruines d'édifices. Ce
joli Tableau orné de pluſieurs figures,
vient de la Collection de M. le Duc de
Saint Aignan. Bois. 5 p. & demi de diametre. +

301 Un Payſage, avec des Ruines. Un 36 1
Homme coëffé d'un turban, parle à une

Femme : près d'eux eſt un enfant qui ramaſſe du bois. Bois. H. 11 p. l. 13.

42 · 19 302 Deux Payſages, faiſant pendant, peints avec beaucoup de ſoin ſur cuivre, dans la manière de Bréemberg. Ils ſont ornés de figures. H. 6 p. l. 9.

HENRY ZORG.

81 303 Un Corps-de-Garde, établi ſous d'anciennes Ruines ; un Officier y donne des ordres à des Soldats qui y ſont avec leurs armes. Sur le premier plan, ſont deux femmes aſſiſes avec un autre Soldat. Ce Tableau, d'un coloris agréable, eſt dans le genre du Bourdon. Bois. H. 11 p. & demi , l. 9 p. & demi.

JACQUES VANDER-DOES.

31 304 Différens Perſonnages arrêtés à la porte d'un cabaret , & ſe diſpoſant à partir pour la Chaſſe. Bois. H. 14, l. 18.

NICOLAS BERGHEM.

660 305 Un Tableau, d'une grande légereté de couleur, d'une touche ſpirituelle & fine. Il repréſente un grand Pont ruiné ſous lequel paſſe une rivière ; un Payſan aſſis ſur le bord de l'eau , ſe diſpoſe à laver ſes jambes ; à côté de lui , eſt une Bergere qui file , en gardant ſes troupeaux ; plus loin, une autre, aſſiſe, trait une vache. Ce morceau , peint ſur bois en 1645 , porte 17 po. de h. ſur 23 p. & demi de l.

306 Un Berger gardant des bœufs fur une
colline ; à la gauche, eft un rocher ; un
ruiffeau occupe le devant du tableau, dont
le coloris eft brillant & digne des belles
productions de ce Maître. Il eft peint fur
bois, & vient du Cabinet de feu M. Aved,
Peintre du Roi. H. 24 p. l. 18.

307 La Forge d'un Maréchal, pratiquée
fous un rocher, près de laquelle un Voyageur affis caufe avec une femme qui tient
un pot. Un Payfan tient le pied d'un
cheval blanc que le Maréchal ferre. Un
homme vêtu d'un manteau rouge, eft appuyé fur la felle de fon cheval, près duquel font un cheval Bay & deux chiens lévriers : deux Fileufes affifes font à la gauche, & fur le premier plan du tableau :
dans l'éloignement, & fur le fommet d'u-
ne colline, on voit une femme montée
fur un cheval, & accompagnée d'un homme ; des moutons paiffent dans la plaine.
Ce tableau, peint fur toile librement, eft
d'une belle touche. H. 20 p. l. 25.

308 Une Payfanne, montée fur un âne,
traverfe un ruiffeau. Son chien faute après
un morceau de pain qu'elle lui préfente :
près d'elle, font un bœuf qui boit, un
cheval chargé, & deux moutons. Dans
l'éloignement, on apperçoit un homme
avec fon chien, & des maifons bâties
fur des côteaux terminés par des montagnes. Le ciel bien compofé, eft auffi

d'une belle couleur. Bois. H.13 p. l. 10 p. & demi.

ARNOULD VANDERNEER.

309 La Vue d'un canal pendant l'hiver, fur lequel beaucoup de perfonnes patinent. Le fond de ce bon tableau, dont les figures font touchées avec efprit, & où la perfpective eft parfaitement obfervée, laiffe voir des Villes & des Villages. Toile. H. 24, l. 31.

310 Un effet de Nuit, & d'un Clair de Lune, pendant lequel on voit la Ville d'Amfterdam illuminée pour une réjouiffance publique. Toile. H. 15 p. l. 21.

VAREGE.

311 Diane accompagnée de fes Nymphes, fe difpofant à entrer dans le bain, au retour de la chaffe, & changeant Actéon en cerf pour avoir eu la témérité de la regarder. Le fond eft un riche Payfage dont les lointains font très-étendus. Ce tableau peint avec un foin infini vient de la Collection de Monfeigneur le Prince de Conti. Cuivre. H. 14 p. l. 18. †

312 Un tableau, repréfentant une grande voûte formée par des rochers, fous laquelle Diane & fes Nymphes fe baignent. On apperçoit dans l'éloignement Actéon qui s'approche pour voir la Déeffe. Ce tableau peint fur bois, approche fort de

la

la finesse de ceux de Poélembourg. H. 16
p. & demi , l. 24 & demi.

313 La Prédication de Saint Jean ; composition de sept figures. Dans l'éloignement ,
sur un terrein élevé, on voit une Ruine
d'édifices près laquelle un Berger garde
son troupeau. Ce Tableau agréable est
peint sur cuivre. H. 9 p. l. 9 p. & demi.

H O N D T.

314 Un Combat de Cavalerie dans une cam-   72. 1
pagne. Sur un plan éloigné , à gauche, est
un pont rempli de Combattans. Ce tableau
touché avec esprit , & transparent , imite
la manière de Teniers. Toile. H. 10 p. l.
15 p. & demi.

B A R E N D G A E L.

315 Deux Tableaux en pendant. L'un re-   188
présente la Vue d'un Village. Sur le devant, un Cavalier descendu de cheval , est
arrêté à la porte d'un Maréchal ; plusieurs
autres figures, hommes & femmes, ornent cette composition.

L'autre représente le dehors d'une maison de Paysan. Près de la porte, une
femme retire son enfant du berceau ; un
homme assis sur une charrue, parle à un
Paysan ; à la droite, est un autre homme
sur un cheval blanc.

Ces Tableaux viennent d'un Cabinet
en Hollande, où on les donnoit à Ph.
Wouwermans. Bois. H. 20 p. l. 16.

SCOVAERT.

316 La Vue d'un Naufrage d'Européens sur un rivage étranger; ils sont accueillis par les Sauvages. Bois. H. 10 p. l. 15.

ALDERT EVERDINGEN.

317 La Vue d'un Lieu champêtre. On y découvre le Clocher d'un Village , des maisons & quelques figures : à gauche, est un moulin, sous le pont duquel passe l'eau d'un torrent : des arbres sont placés sur ses bords. Ce tableau rend si parfaitement la nature qu'on croit la voir en réalité. Toile. H. 25 , l. 22.

THÉODORE HELMBREKER.

318 La Vue d'une forêt, sur le devant de laquelle s'éleve un arbre touffu prodigieusement haut : des Voleurs attaquent une voiture, & massacrent les personnes qui sont dedans ; deux d'entre eux conduisent une femme dans l'épaisseur du bois; une autre femme se sauve, tenant son enfant dans ses bras. Ce tableau d'une rare beauté, a pour lui la touche, le choix & la couleur : les figures y sont bien dessinées, & tels que le sujet l'exige. Toile. H. 45 . l. 36.

PAUL POTTER.

319 Deux chiens, dont un est couché. On voit dans l'éloignement une maison de Paysans , devant laquelle deux femmes

étendent du linge. La nature eft repréfentée avec la plus grande vérité dans ce
tableau , peint fur bois. H. 12 p. l. 8 p.
& demi.

ANTOINE GOEBOW , dit GOBBO.

320 Deux femmes affifes près d'une table ,   72
à la porte d'une Hôtellerie. Un Aveugle
joue du violon : il eft accompagné d'un
enfant qui touche du triangle : une autre
femme affife , tenant un pot , & ayant derrière elle un cheval blanc , les écoute. Un
joli lointain termine ce tableau. Toile. H.
15 p. l. 21.

321 Un Voyageur s'entretenant avec une   73
femme qui eft affife , tandis que fon cheval boit dans une auge placée au bas
d'anciennes ruines. D'autres figures enrichiffent ce Tableau. Toile. H. 18 p. l. 22.

SIMON OCHTERWELT.

322 Un homme de qualité en pourpoint &   242
haut-de-chauffes , offrant un verre de vin
blanc à une dame habillée en fatin jaune ,
avec une broderie en or.

L'expreffion & le fentiment font rendus dans ce Tableau avec la plus grande
vérité. Il vient du Cabinet de van-Scoo-
rel à Anvers. Toile. H. 13 p. l. 12.

322 *bis.* L'Intérieur d'une Chambre , dans   297
laquelle un Homme affis parle à une jeune
Fille qui eft debout devant lui : près d'u-
ne fenêtre , eft une table couverte d'un

tapis , & fur le devant une épée , un bau-
drier , & un chien endormi. Ce tableau ,
précieufement touché , eft peint fur toile.
H. 30 p. l. 21.

J E A N F Y T.

80   323 Une Table , chargée de Fruits & de
Gibier, parfaitement rendus. Toile. H. 22
p. l. 29.

30   324 Une Perdrix morte , & deux autres Oifeaux, pofés fur une butte de terre ; un
chien femble vouloir en approcher. Le
fond de ce tableau bien peint eft un Payfage. Toile. H. 15 p. & demi , l. 19.

8 . 1   325 Des Lapins qui mangent de l'herbe.
Toile. H. 13 p. l. 26.

V A N T O L.

750 . 1   326 Un Cordonnier affis au-dehors de fa
maifon, & occupé à fon travail. Il parle
à une jeune fille qui tient un feau de
cuivre dans fon bras. Ce Tableau , auffi
fini que s'il étoit de Terburg , vient du
Cabinet de M. de Gagny : il eft gravé
dans la Collection des Peintres Flamands
& Hollandois. Bois. H. 17 p. l. 12 p. &
demi. *

G U I L L A U M E K A L F.

45   327 L'Intérieur d'une Maifon de Payfans :
une femme entre dans la maifon revenant
du Marché , portant un pot au lait fur fa
tête, & un panier à fon bras : une vieille
femme eft dans la Chambre appuyée fur

* deux pendant, l'un de terburg
et celuy cy de vantol 2000

une hotte pleine de légumes : un homme
entre dans une feconde Chambre, ayant
un fac fur fon épaule. Une cage à poulets, fur laquelle eft une poule, des légumes jettés à terre, & des uftenfiles de
Ménage, enrichiffent ce tableau peint fur
toile, & d'une belle compofition. H. 10 p.
l. 13.

328 Deux Tableaux en pendant, repréfen- 150. 19
tant des Intérieurs de Chambre de Payfans. Dans l'un, peint avec toute l'intel-
ligence du clair-obfcur, on voit un homme affis près de fon feu, une Servante
qui balaye la porte, un chaudron, un
grand pot, & divers légumes. L'autre,
peint dans le clair, repréfente une femme
& un homme fe chauffant, un feau de
bois, un chaudron, des plats, un grand
pot au lait, & des légumes. Ces deux
morceaux de mérite font peints fur bois.
H. 11 p. l. 8.

329 Un tableau, fur bois, de forme ronde 60
dans une bordure quarrée, repréfentant
la baffe-cour d'une Ferme : on y voit un
tonneau, une cage à poulets, des légumes, & uftenfiles de Ménage. Il porte 8
p. de diamètre.

CORNEILLE DUSAERT.

330 Six Payfans fous un toît de chaume ; 37. 1
placés autour d'une table ; l'un joue au
trictrac, les autres fument : près d'eux eft

une Hôtellerie. Ce tableau, dont l'effet est piquant, est fait au premier coup sur toile. H. 22, l. 25.

D E W E T T.

58   331 Une vieille Femme tenant les mains jointes ; elle a sur ses épaules un manteau fourré, avec une espece de capuchon de velours cramoisi brodé qui couvre sa tête. Ce tableau travaillé avec un grand soin, tient beaucoup au genre de Gérard Dow. Bois. H. 6 p. & demi, l. 5 p. & demi.

50   332 Une Femme assise devant une table chargée de vases précieux & de pierreries, écoutant une autre Femme qui pince de la guitarre. Bois. H. 9 p. & demi, l. 8 p. & demi.

F R É D E R I C M O U C H E R O N.

100   333 Un joli Paysage. On y voit quatre figures d'Hommes, & un chien, peints par Adrien vanden-Velde ; à la droite, est un parc fermé de murs dont les arbres s'élèvent en amphithéâtre. Sur le devant, est un grand vase de marbre sur un pied d'estal. Ce tableau est peint sur bois avec toute la finesse possible. H. 13 p. & demi, l. 11 p. & demi.

120. 4 334 Une Vue de Rochers garnis d'arbres, sur différens plans, au bas desquels est une rivière où quatre Hommes tirent un bateau. Sur le devant, dans un chemin, est une Femme assise sur un cheval blanc,

fuivie de fon chien. Ce morceau eft peint avec beaucoup de vérité. H. 11 p. l. 9.

335 Un payfage chaud de couleur : on y voit la chûte d'un torrent, deux Pécheurs, & plus loin un Cavalier accompagné de deux Hommes. Bois. H. 7 p. l. 8 po. & demi.

EMMANUEL WILTZ.

336 Un beau Payfage, chaud de couleur. On voit fur le devant deux hommes, dont un monté fur un âne & fuivi d'un chien, qui s'acheminent vers une grande tour environnée d'arbres : à gauche, on voit d'autres petites figures qui fe détachent fur un fond de lointains clairs. Bois. H. 16, l. 21.

JEAN WILZ.

337 Deux différentes Vues de Payfages. L'un repréfente un terrein élevé où tourne un chemin, & dans l'éloignement un grand pont. L'autre découvre une grande éten-due de pays. A droite, eft un rocher fous lequel paffe un Homme conduifant un âne. Ces deux morceaux, ornés de petites fi-gures, font agréablement peints. Toile. H. 13 p. l. 16.

338 L'Entrée d'une Forêt près d'une Ri-vière, fur laquelle eft un pont fait de branches d'arbres, où paffe un homme : fur le devant, un Hermite parle à un Payfan. Toile. H. 29 p. l. 37.

Antoine Fr. Vander-Meulen.

339 Deux Tableaux, d'un émail & d'un tranſparent de couleur admirables, repré-ſentant des ſujets de Batailles. Dans l'un eſt un combat livré ſur un pont ; dans l'autre, un choc de Cavalerie , & une at-taque de chariots & de bagages. Il y a dans l'un & l'autre une immenſité de fi-gures ſpirituellement touchées. L'action y eſt peinte avec la plus grande chaleur. Ils viennent du Cabinet de M. Lempereur , & en dernier lieu de la Collection de Monſeigneur le Prince de Conti. Bois. H. 8 p. l. 12.

340 Un Fourage commandé par les Offi-ciers généraux ; les Fourageurs ſont atta-qués par les Ennemis ; l'action ſe paſſe dans une plaine, couverte d'arbres & de haies. On voit pluſieurs Villes dans l'éloignement. Ce tableau d'un coloris brillant, eſt peint ſur toile. H. 29 p. l. 38.

Vander-Meulen & Van-Artois.

341 Deux jolis Payſages , par Van-Artois, l'un ſur cuivre, l'autre ſur bois. On voit dans le premier, cinq hommes à cheval, une voiture attelée de deux chevaux, & un homme accompagné de ſon chien. Dans le ſecond , ſix Voleurs dépouillent un Paſſant qu'ils ont aſſaſſiné. Ces figures ſont peintes par Vandermeulen , d'une grande fineſſe. H. 8 p. l. 6.

FRANÇOIS POST.

342 La Vue d'une Habitation & d'une cam-   24.1
pagne très étendue, femée de bois & arrofée de rivières en Amérique. Deux Negres
placés fur le premier plan, caufent enfemble. Ce tableau vient de la Collection de
Monfeigneur le Prince de Conty. Bois.
H. 8 p. l. 9. ✝

SALOMON RUYSDAAL.

343 La Vue d'un Village environné d'arbres   155
& fitué au bord d'une rivière : on y voit
un bac rempli d'animaux & de Paffagers.
A la gauche, font plufieurs bateaux à
voile. Ce tableau eft bien coloré, & d'u-
ne riche compofition. Bois. H. 22 po.
l. 29.

344 La Vue d'une chaumiere devant laquelle
eft un chariot attelé, & rempli de perfonnes. H. 14 po. l. 30.

345 La Vue d'un Village fitué fur le bord
d'une rivière ; des Payfans & Payfannes
font fur le devant. Bois. 13 p. en quarré.

346 Deux Vaches & trois Moutons, qui
paroiffent peints par Vanden-Velde, repofant à l'entrée d'une forêt, où l'on voit
fur le devant de grands arbres. Ce tableau
peint avec beaucoup de franchife, & décoré d'un beau ciel, eft fur bois. H. 17 p.
l. 23.

347 Une Vue de Mer. A la droite, eft l'E-   49
glife d'un Village qu'on apperçoit à travers

des arbres. Bois. 17 p. l. 22 po. & demi.

JACQUES RUISDAAL.

1562. 348 Un Magnifique Payſage, paroiſſant former l'entrée d'une forêt : on y voit des
troncs d'arbres couchés parmi des brouſſailles & des roſeaux ; un terrein couvert
de mouſſe & de gazon , borde un ravin ,
& conduit à des lointains de prairies frap-
pées d'un coup de lumière. Ce morceau
d'une harmonie parfaite , du ton de couleur & de la touche les plus vrais , peut
être cité comme un de ceux où ce Maître a porté la peinture au plus haut degré de perfection. Il eſt ſur toile. H. 37 p.
l. 45.

891 349 Un Payſage, d'une riche compoſition
& d'un ſite pittoreſque. Il repréſente une
élévation au milieu de laquelle eſt un chemin entre des vergers , qui conduit à un
Village, dont on voit quelques maiſons
& le Clocher de l'Egliſe. Sur le devant,
eſt un terrein ſabloneux , à côté duquel
coule un ruiſſeau d'eau claire. Ce Tableau
parfait dans ſon genre , eſt la vraie imitation de la nature, telle qu'elle s'eſt mon-
trée aux yeux de cet habile Peintre : il
eſt enrichi de belles figures par Corneille
Bega. Toile. H. 21 p. & demi, l. 26 p. &
demi.

775. 350 La Vue d'un Torrent, dans lequel un
Homme abreuve ſon cheval : un autre

Homme paffe avec fon chien : au delà eft un chemin pratiqué dans une colline entourée de bois, une femme en defcend : plus loin eft une Eglife. Ce tableau dont les figures font peintes par Philippe Wouwermans, eft d'un ton de couleur vigoureux, & fait la plus grande fenfation par la vérité avec laquelle il eft rendu. On ne peut en défirer un plus beau. Bois. H. 15 p. l. 22.

351 Deux autres bons Tableaux, d'une touche fçavante, repréfentant des Chûtes d'eau, à travers des rochers couverts de pins très élevés. On y voit quelques Habitations, & dans l'éloignement des bateaux à la voile. Toile. H. 24 p. l. 18.

352 Un autre beau Payfage, fur bois, repréfentant des troupeaux paiffans dans une forêt, dont l'obfcurité contrafte admirablement avec les coups de lumière qui réfléchiffent dans les intervalles des chemins. H. 18 p. l. 24.

353 Un Payfage, d'un fite pittorefque & d'un beau ton de couleur. A gauche, & à droite, font des arbres, haies & brouffailles. Dans le milieu, une chute d'eau forme cafcade : deux Payfans caufent enfemble. Ce Tableau, touché avec efprit, eft peint fur bois. H. 15 p. l. 17.

354 Un chemin, fur lequel font un Pâtre, trois bœufs, une chèvre & des moutons, peints par Adrien Vanden Velde. Un grand

arbre eſt placé à l'entrée. Dans le lointain eſt une vaſte campagne arroſée d'une rivière. Toile. H. 16 p. & demi, L 14 po. & demi.

355 La Vue d'une Forêt. Sur le devant eſt un étang, où eſt un tronc d'arbre. Un Chaſſeur, avec ſon chien, eſt à l'autre bord. Ce tableau, d'une touche ferme, eſt ſur toile. H. 18 p. l. 24.

356 La Vue d'un Chemin conduiſant à une chaumière ſituée au bord de l'eau & environnée d'arbres & brouſſailles. Sur le devant, derrière une haie faite de bois & de paille, eſt un Homme portant un bâton ſur ſon épaule, & devancé par ſon chien. A la droite, eſt une rivière où ſont pluſieurs chaloupes à la voile. Ce tableau, d'un ton de couleur vigoureux, & imitant la nature, eſt peint ſur bois. H. 17 p. l. 23.

357 Une Vue de la Mer en tems calme, où ſont pluſieurs vaiſſeaux remplis de monde. On apperçoit une Ville dans l'éloignement. Ce petit tableau, très-fin, eſt peint ſur bois. H. 7, l. 9 & demi.

358 Une vaſte Campagne, précédée d'un Etang, & terminée par un Village, dont on voit l'Egliſe. Cette Vue eſt priſe dans un tems de frimats. Toile. H. 11 p. l. 15.

FRANÇOIS MIÉRIS.

359 Un Tableau, d'un précieux fini, repré-

fentant l'Intérieur d'un Appartement. Une Femme habillée d'étoffes en foie de diverfes nuances, affife près d'une table fur laquelle eft un tapis rouge & un chien, & tenant fur elle un autre petit chien, paroît fe faire rendre compte par une Servante qui eft debout devant elle, ayant un feau de métail dans fon bras. Cette fille tient des pièces de monnoie. Ce morceau eft d'un brillant coloris, d'une pureté admirable, & du meilleur tems de ce Maître. Bois. H. 10 p. & demi, l. 8 p.

360 Une vieille Femme affife près de fon lit, & ayant fur les épaules un manteau de velours noir, dicte quelque chofe à une jeune femme qui eft devant une table, & tient en fa main une plume ; cette dernière eft vêtue d'un manteau de velours couleur capucine, fourré d'hermine, pofé fur un jupon de fatin blanc ; près d'elle, eft une chaife à l'antique de velours verd. Sur la table eft un tapis de Turquie, dont la vérité fait illufion. Ce Tableau eft d'une grande fineffe, & digne de la réputation de ce Peintre. Bois. H. 19 p. l. 16.

361 Un Homme coëffé d'un bonnet orné de plumes, & vêtu fingulièrement, s'entretenant avec une jeune Femme ayant une robe rouge fur une juppe blanche ; elle a un Livre de Mufique fur elle, & eft affife, ainfi que l'Homme, au pied d'un arbre, au bas duquel font des citrouilles.

Ce tableau, extrêmement fini, eſt de l'Ecole de Mieris. Bois. H. 16 p. l. 14.

THIERRY VAN-DALEN.

150. 1 **362** L'Intérieur d'un Temple, dans lequel des perſonnes de différentes Religions & de divers Pays, viennent offrir à Dieu leurs hommages. A l'entrée eſt un tombeau de marbre noir, avec une inſcription, & les armoiries de celui dont les cendres y repoſent : un écuſſon & la bannière d'un Chevalier ſont attachés au premier pillier. L'architecture & l'effet de la perſpective, ſont parfaitement rendus dans ce tableau. Bois. H. 11 p. l. 17.

JEAN STÉEN.

500 **363** Des Convives, Hommes & Femmes, à table, célebrent avec joie la cérémonie du Roi boit. Un Enfant, monté ſur un banc, ayant ſur la tête une eſpèce de couronne de papier, porte un verre plein à ſa bouche, aux acclamations de l'Aſſemblée & au bruit d'inſtrumens groteſques, produit par les uſtenſiles du Ménage. Ce Tableau, très fini & plaiſant, réunit à une compoſition riche un groteſque ſingulier. Toile collée ſur bois. H. 30 p. l. 40.

212 **364** Le Coucher de la Mariée. On y voit deux perſonnes d'un air ſimple, la Femme à terre ſur les deux genoux, l'Homme un ſeul genou en terre & les mains croiſées, invoquer le Génie tutélaire des Mariages :

les Amours qui voltigent ornent de guirlandes le lit nuptial ; d'autres y jettent des
fleurs : un chien placé fur le devant du tableau, dort profondément. Près du lit, eſt
un fauteuil rouge. Ce tableau caractérifé
dans toutes ſes parties, eſt peint fur toile
collée fur bois, & porte 33 po. de diamètre.

365 La Vue d'un Payſage des Environs de   60. 5
    Rotterdam pendant l'Hiver. Sur le devant
    eſt un chemin où paſſe un Payſan monté
    fur un cheval qui traîne une charette cou-
    verte. Dans l'éloignemeut, on découvre
    un canal bordé de maiſons. Toile. H. 16
    p. l. 14.

VAN-MOOL.

366 L'Adoration de l'Enfant Jéſus par les   153
    Mages, près d'un Edifice orné de colon-
    nes. Ce Tableau, dont l'effet eſt rendu à
    la lueur d'un flambeau, eſt d'une riche
    compofition. Toile. H. 33 p. l. 31.

367 Une Nymphe endormie dans un boſ-   45
    quet au bord d'une fontaine. Deux Saty-
    res, dont un a la jambe paſſée fur la
    fienne, la regardent avec avidité. Un
    Amour armé de ſon arc, cherche à les
    écarter. Cuivre. H. 12 p. l. 14.

MONTALIER.

368 Les Œuvres de Miféricorde, compoſi-   180
    tion de dix figures dans le genre du Nain,
    & d'une couleur auſſi belle que celle du

Bourdon, & rendue avec autant de vérité que si elle étoit de ces deux Maîtres.
Toile. H. 26, l. 20.

VAN-BOUCK.

369 Deux tableaux, d'une vérité frappante.
Dans l'un, on voit sur une table, un
choux, une botte d'oignons & une cru-
che. Dans l'autre, également sur une table, sont une carpe, plusieurs autres pois-
sons, un couteau, &c. Ces deux morceaux sont sur toile. H. 16 p. l. 20.

VAN-ROMAIN.

370 Un Berger entr'ouvrant une barrière,
pour faire entrer des troupeaux dans une
écurie pratiquée sous un rocher : plus loin
un Paysan conduit un mulet : au delà est
une campagne arrosée d'une rivière. Ce tableau, d'un beau ton de couleur est peint
sur bois. H. 12 p. l. 14.

CARRÉ.

371 Des Paysans se divertissant & célébrant
par des danses la fête des couronnes. Bois.
H. 14, l. 13.

JEAN LE DUC.

372 Un Corps-de-Garde, dans lequel des
Soldats jouent aux cartes sur un tambour :
quatre autres, dont un paroît avoir un
grade supérieur, les regardent : trois autres dans un plan plus éloigné, sont assis
à terre. Ce Tableau, d'un bel effet, &
parfaitement

parfaitement peint, eſt de forme ovale,
dans une bordure carrée. Cuivre. H. 8 p.
p. l. 10.

373 Un Tableau, ſur bois, de même forme   130
que le précédent, & compoſé de trois
figures, dont une Dame aſſiſe dans un
fauteuil, qui ſe fait dire la bonne aventure. Ce morceau eſt peint avec beaucoup
d'expreſſion, & une touche ferme. H. 8
p. & demi, l. 11 p. & demi.

374 Un Homme vu par le dos, pinçant de
la guittarre; il eſt aſſis auprès d'une Dame
qui l'accompagne de ſa voix. Bois. H.
12 p. l. 9.

GUILLAUME DE HEUSS.

375 Un riche Payſage. Sur le devant, eſt   350
un ruiſſeau au bord duquel ſont de grands
arbres qui rendent parfaitement l'effet de
la nature; de l'autre côté, une femme,
portant ſon enfant, conduit des moutons
& un âne chargé de bagages : deux autres
ânes auſſi chargés, ſuivis de leurs conducteurs, ſe trouvent ſur un plan plus éloigné : une belle campagne où ſont un pont,
une tour & des montagnes dans l'éloignement, terminent ce Tableau qui eſt
un des meilleurs de ce Maître. Bois. H. 15
p. l. 20.

376 Deux Tableaux en pendant. Ils repré-   362
ſentent de très-beaux Payſages enrichis
d'arbres & de rivières. On y voit deux
G

Temple antiques, qu'on a convertis en Oratoires, où plusieurs personnes entrent & portent des offrandes. Des Passagers, montés sur des ânes, se trouvent sur la principale avenue. Ces deux morceaux, très-piquans, sont peints sur bois. H. 10 p. l. 12 p. & demi.

377 Une Vue de Rivière, de Collines, & d'une Campagne où sont des Voyageurs. Bois. H. 14 p. l. 17.

W A D E R.

378 Un beau Paysage, d'un bon ton de couleur: Une femme & un jeune garçon sont sur un chemin. Bois. H. 7 p. l. 9.

A DRIEN VANDEN-VELDE.

379 Un beau Paysage, sur le devant duquel sont deux Vaches : l'une de couleur rousse est debout, l'autre est couchée. A la droite du Tableau, est un groupe de moutons qui se reposent près d'une baraque construite avec des planches. Sur un plan plus éloigné, est une Bergere assise & endormie. Ce Tableau est d'un pinceau moëlleux & d'une belle composition. Bois. H. 9 p. & demi, l. 12 p. & demi.

380 Deux Tableaux en pendant, composés l'un d'une Vache & de quatre Moutons couchés ; l'autre, d'une Vache & de deux Moutons aussi couchés, dans un fond de Paysage peint dans le meilleur tems du Maître, & de sa plus belle couleur. Mi-

chaux en a augmenté les fonds d'une manière étonnante pour la juſteſſe & la reſ-
ſemblance. Ils ſont peints ſur bois. H. 10
p. l. 13.

PIERRE VAN SLINGELAND.

381 Une jeune femme, dont la chevelure eſt   24 1
blonde, pinçant de la guitarre ; elle eſt
vétue d'un corſet de taffetas bleu, ſur un
jupon lilas. On la voit aſſie à l'entrée d'un
ſalon qui donne ſur la campagne. Ce Tableau eſt de la plus grande fineſſe, & ce
qui ajoute à ſon prix eſt le petit nombre
qui en exiſte ; cet Artiſte ayant employé
un tems conſidérable à finir ſes ouvrages.
Bois. H. 7 p. & demi, l. 6 p.

GÉRARD LAIRESSE.

382 Vénus portée ſur un nuage, & faiſant   26 1
préſenter à ſon fils Enée par quatre Amours
les armes qu'elle lui a fait fabriquer par
Vulcain. Un Fleuve eſt aſſis ſur le devant du Tableau, qui eſt précieuſement
peint & d'une grande correction de deſſin. Toile. H. 19 p. l. 22.

JEAN VINANTS.

383 La Vue d'une grande Plaine, peuplée   74 0
d'arbres, & coupée de différens chemins,
dont un tourne autour d'un clos fait avec des
planches : à la droite, eſt un grand arbre
& une butte de terre ſabloneuſe, ſur laquelle frappe la principale lumière. Des

lointains de prairies & des dunes terminent
le fond de ce Tableau orné de plufieurs
figures par Lingelback, parmi lefquelles on
diftingue un Chaffeur qui fait fuivre un
lievre par fon chien. Ce morceau, d'un
tranfparent admirable, & d'une touche
délicate, eft peint fur toile. H. 39, l. 40.

870 384 Un Payfage, à la droite duquel eft un
terrein fauloneux, couronné par des arbres & brouffailles. On y voit trois figures fur le premier plan, dont une femme
tenant fon enfant dans fes bras ; des moutons font épars fur le même terrein : plus
loin, font d'autres figures, un Village &
une campagne très-étendue, arrofée d'une
rivière. Les principales figures de ce Tableau, qui eft d'une grande beauté, ont
été peintes par M. Fragonard. Toile. H.
13 p. l. 10 p. & demi.

850 385 Un autre charmant Payfage, qui peut
faire pendant avec le précédent, repréfentant des terreins fabloneux élevés. On y
voit une femme affife, un jeune enfant
qui court après un chien, des maifons &
une campagne terminée par un très-bel
horifon. Il vient de la Collection de M.
Blondel de Gagny. Toile. H. 13 p. & demi, l. 11. +

79 386 La Vue d'une Tour ruinée qui formoit
l'entrée d'un château, fur les mafures duquel on a conftruit une maifon couverte
en chaume. Une femme, portant fon en-

fant ; & en tenant par la main un plus grand, prend le chemin de cette maifon. Le lointain repréfente une efpèce de forêt, où paffe un Voyageur. Toile colléa fur bois. H. 9 p. & demi.

K A R E L   D U   J A R D I N.

387 Un agréable Payfage. Sur le devant eft un ruiffeau où paffent une Payfanne, un âne portant un bas, une chevre & un mouton. La Payfanne parle à un Pâtre qui eft affis. Au-delà du ruiffeau, font des maifons bâties au bas d'une colline, & plus loin des montagnes. Un beau ciel du matin couronne ce Tableau, qui eft du meilleur tems de ce Maître, & gravé par J. B. le Bas, fous le titre de la fraîche matinée. Il eft fur toile. H. 18 p. 9 lign. l. 16 p. 9 lig.

388 Deux Tableaux, d'un coloris vigoureux, peints par ce Maître en Italie, & repréfentant des fites montagneux. Sur le devant de l'un, font un Berger jouant de la flûte, & monté fur un cheval blanc; une Bergere affife fur un âne, & pinçant de la guitarre: un chien aboie après eux: ils fuivent des bœufs & des moutons qui paffent une rivière, & qu'un Pâtre conduit. On y voit un pont, dont une tour quarrée ferme l'iffue.

Le pendant de ce Tableau repréfente une Bergere qui trait une Vache, diffé-

rens animaux qui repofent fur l'herbe, &
un Berger qui fait danfer fon chien au
fon de la flûte. Ils font peints fur toile.
H. 28 p. l. 37.

74　389 Une Prairie, fur laquelle font trois
bœufs, dont un fe frotte contre un arbre ; à la gauche de ce Tableau peint fur
bois, eft un Berger affis, qui joue avec
fon chien. H. 12 p. & demi, l. 16 p.

J. V. MÉEIG.

290　390 Un magnifique Payfage, tant par fa
touche large & fpirituelle, que par fon
beau ton de couleur. On y découvre,
dans une grande étendue de pays, plufieurs Habitations de Payfans, & fur une
hauteur les ruines d'un Château. Le milieu
eft coupé d'un chemin, dans lequel un
Homme, précédé d'une Femme & d'un
Enfant, conduit une charette couverte.
Plus loin, un Berger mene fon troupeau.
Toile. H. 51 p. l. 54 p.

HENNEKYN.

391 Le Portrait d'un jeune enfant de diftinction, vêtu à la Hollandoife, les cheveux
épars. Il eft peint en 1670, & orné de
guirlande de fleurs, par le célebre Rachel
Ruyfch. Toile. H. 51 p. l. 42.

EGLON VANDER NÉER.

392 Un très-riche Payfage, orné d'arbres,

& de beaux édifices, par Baudwins, dans
lequel Eglon Vander-Néer a peint les figures. A la droite, un Homme coëffé
d'une toque avec une plume, est assis près
d'une jolie femme vêtue en rose & bleu.
Une autre femme vêtue d'une longue robe
blanche, & suivie d'un Negre qui tient un
Parasol sur elle, pince de la guitarre: un
chien considere le Negre. A la gauche,
sont deux Bergers endormis sur le gazon,
dont un, presque nud, est entouré d'une
guirlande de fleurs: trois femmes cachées
derrière les feuillages les regardent attentivement. Ce Tableau, d'une touche pré-
cieuse, & d'une grande finesse dans les figures, est d'une distinction particulière.
Bois. H. 16 p. l. 23.

393 Une Femme en corset blanc, attaché
galamment avec des rubans roses, & un
jupon rouge garni d'une dentelle d'argent.
Elle est assise près d'une table, sur laquelle
est un tapis, & elle se dispose à mettre une
corde à une guitarre qu'elle tient. Dans
l'éloignement est un homme vêtu de noir,
assis, & écrivant sur une table: il est dans
la dernière teinte, & peint avec une magie étonnante. Cet agréable Tableau est
sur bois. H. 12 p. l. 9 p. & demi.

PIERRE MOLYN.

394 L'Attaque de cinq chariots chargés de 62
bagage, dans un défilé entre des rochers.

& une forêt, par des Voleurs. Bois. H.
13 p. & demi, l. 20 p. & demi.

VAN-ELMONT.

395 Deux Tableaux en pendant. L'une repréfente l'Intérieur d'une Chambre de Ménage, avec des figures & un chien, fur
le devant. Dans l'autre, font des Payfans
qui jouent aux cartes, & une vieille femme
affife près d'eux. Ils font d'une bonne
couleur. Toile. H. 18 p. l. 15.

J. HARNFHOGH.

396 Une femme habillée en fatin blanc,
ayant autour d'elle une écharpe couleur
de pourpre; elle tient en fa main droite
des fleurs. Près d'elle, eft une table couverte d'un tapis de Turquie parfaitement
imité, fur laquelle eft un vafe rempli de
fleurs : elle eft dans un veftibule, dont la
vue donne fur un jardin. Bois H. 11 p. l.
8 p. & demi.

GODEFROY SCHALKEN.

397 Un Tableau très fin, & du meilleur
tems de ce Maître. Il repréfente une jeune
femme coëffée en cheveux, & ajuftée d'un
habillement jonquille : elle tient d'une
main un couteau au bout duquel eft un
morceau de citron coupé, & de l'autre
main un plat : un couffin de velours pourpre eft fur l'appui d'une croifée. Ce Tableau cité par Defcamps dans la Vie des

Peintres Flamands & Hollandois, vient de la Collection de M. Blondel de Gagny. Il est peint sur bois. H. 8 p. l. 6. 1512

398 Un Homme fumant une pipe, & lisant une lettre à la lueur d'une chandelle qui se trouve entre lui & le papier, & dont les reflets sont parfaitement rendus. Bois. H. 11 p. l. 9 & demi.

PIERRE DE HOOGE.

399 L'Intérieur d'une Salle à manger, pavée de marbre noir & blanc à compartimens. Une femme, vétue d'une robe de satin bleu, brodée en or, & relevée sur un jupon de satin blanc, tient en sa main un verre dans lequel un Homme de distinction, ayant autour de lui une écharpe brodée, verse de la bierre ; elle a un livre de musique sur ses genoux : à côté d'elle, une Dame vétue d'une pelisse de satin jaune, fourrée d'hermine, & mise sur un jupon de satin ponceau, bordé de deux rangs de dentelle d'or, accorde une guitarre ; un Homme assis à une table, & tenant un livre de musique, la regarde. A la gauche du Tableau, un Homme & une Femme exécutent un concert de flûte & de mandoline. Dans la demie-teinte, un Homme allume sa pipe : un chien, admirablement peint, est assis à terre. La porte du Sallon, qui est entr'ouverte, laisse appercevoir un jardin décoré où deux per-

fonnes caufent enfemble. Un beau bâtiment éclairé par le Soleil, en fait le point de vue. Ce tableau, d'une compofition riche & du plus grand fini dans toutes fes parties, & principalement dans les têtes & les étoffes, peut etre annoncé comme le plus parfait de ce Maître. Toile. H. 38 p. l. 46.

400 Une Compagnie d'Hommes & de Femmes, au nombre de cinq, occupés à prendre une collation, & à faire de la mufique. Ils font dans un beau Veftibule, & près d'une table, couverte d'un tapis de Turquie, fur laquelle font une bouteille & un citron dans un plat d'argent. Les figures principales font deux Dames, pinçant chacune de la guitarre ; l'une d'elles eft affife, & habillée d'une robe de foie jaune, & s'accompagne de la voix ; l'autre debout, & vue par le dos, eft ajuftée d'une magnifique robe de fatin blanc. Près de la première, un Homme vêtu fuivant le coftume hollandois, tient d'une main un verre, de l'autre une bouteille couverte d'ofiers. Plus loin, eft une autre Femme affife ; un Homme appuyé fur fa chaife, lit dans un livre de mufique. Par une grande arcade, qui eft à la gauche du tableau, on découvre un canal bordé de maifons & d'arbres, devant lefquels paffe un carioffe à quatre chevaux : cette partie, fur laquelle le Soleil frappe, produit

l'effet le plus jufte & le plus piquant. En deçà du canal, dans la dernière teinte, un Homme appuyé fur fa canne, parle à une Femme. Ce morceau, d'un pinceau bien conduit, & d'un beau fini, peut aller de pair avec les plus beaux tableaux de Terburg. Toile. H. 33, l. 48.

401 Un Tableau, d'un effet piquant. Il repréfente un Intérieur de Chambre, au fond de laquelle eft un jeune garçon affis fur un banc, près d'une lanterne allumée. Devant une cheminée, eft un homme qui tourne le dos au feu : à côté de lui, font une femme & une petite fille; ces deux dernières figures font éclairées par la lumière. Toile. H. 26 p. l. 21.

Gérard Houet.

402 Un Repos en Egypte. La Vierge, affife au bas d'un rocher, & tenant fur elle l'enfant Jéfus, eft accompagnée de Saint Jofeph qui lit dans un livre; des Anges paroiffent dans une gloire : le fond eft un Payfage montagneux, où l'on voit une ancienne ruine. Ce Tableau, fur bois, peint précieufement, peut être comparé avec les plus beaux de Corneille Poélemburg. H. 9 p. & demi, l. 7 p. & demi.

403 Un Tableau, de forme ovale, repréfentant les Dieux affemblés dans l'Olympe, & Jupiter porté fur fon aigle, foudroyant les Titans qui entaffoient des montagnes

pour efcalader les Cieux. Ce tableau , du plus grand fini, & d'un deflin correct, eft fait dans le genre de Jules Romain Il eft peint fur cuivre. H. 8 p. l. 13.

404 Trois Bergeres avec leurs troupeaux : l'une eft endormie au pied d'un arbre, la feconde ôte fa chemife pour entrer dans le bain , & la troifième, qui y eft déjà, s'y lave les jambes: près du ruiffeau , eft une ruine d'ancien édifice avec des bas-reliefs ; le Payfage eft celui d'un terrein couvert de bois, à travers lefquels on apperçoit une Ville dans l'éloignement. Ce tableau, d'un beau coloris, eft fur toile. H. 14 p. & demi, l. 17 p. & demi.

R E N I E R   B R A K E N B U R G.

405 Un Intérieur de Chambre, dans laquelle eft une jeune femme malade ; elle eft affife , & appuyée fur une table , où font deux oreillers fur un tapis ; elle préfente fon bras à un Médecin , qui parle à une vieille femme dont le caractère & l'attitude annoncent l'intérêt qu'elle prend à la Malade. Ce tableau précieux & intéreffant eft ce qu'on peut voir de plus beau de ce Maître. Il eft peint fur bois. H. 8 p. & demi, l. 7 p.

406 Une Kermeffe, ou Fête de Village. Ce Tableau , enrichi d'une grande quantité de figures, eft fur toile collée fur bois. H. 15 p. l. 18.

De Kaert.

407 Une Maison de Paysan. Un homme est
à la porte ; au-devant sont deux grands arbres touffus, au bas desquels un Berger
conduit des moutons ; plus loin, est une
rivière. Bois. H. 14, l. 18.   40

Zéeman.

408 Deux Tableaux de Marines, dans l'un
desquels est représenté un combat naval.
Bois. H. 9 p. & demi, l. 12.   35

Simon Vander-Does.

409 Un Berger couronné de feuillage, assis
au bas d'un arbre, gardant deux moutons
& une chevre ; plus loin, & au pied d'u-
ne montagne, un homme monté sur un
cheval blanc conduit un troupeau de moutons. Toile. H. 14 p. l. 18.   42

Jacques Vander-Does le jeune.

410 La Vue d'un Hameau entouré de bois.
Sur le devant, sont deux belles Vaches &
dix moutons. Ce Tableau est d'une grande vérité, & imite parfaitement la nature.
Il est peint sur bois. H. 13 p. l. 13 p.

Charles de Moor.

411 Céphale arrivant près de Procris, qu'il
trouve blessée mortellement d'un dard qu'il
lui a lancé, croyant que c'étoit une bête
fauve. Son Amante prête à expirer, est   150

couchée au pied d'un arbre, son chien à côté d'elle. Ce Tableau, d'une belle fonte de couleur, est digne de la haute réputation de ce Maitre. Toile. H. 25 p. & demi, l. 27.

VAN-BLOOMEN.

412 Jacob en marche avec sa famille & ses troupeaux. Ce Tableau, d'une belle touche, est peint sur toile, & porte 16 po. de h. sur 23 de l.

ADRIEN VANDER-VERF.

413 Notre-Seigneur discourant avec la Samaritaine qui tient sur le bord d'un puits un riche vase qu'elle vient de remplir. Trois Vieillards de la Secte des Pharisiens, sont vus dans la demie-teinte. Ce tableau, d'une grande finesse de pinceau, est du bon tems du Maitre. Il a été gravé par Macret. Toile. H. 12 p. l. 15.

GUERARDS.

414 Une Assemblée de neuf Personnes, hommes & femmes, formant un concert : ils sont dans un vestibule & près d'un jardin à l'entrée duquel est une colonne. Les principales figures de cette belle composition sont trois Femmes dont une debout vue par le dos, vêtue d'une robe de satin blanc & d'une écharpe bleue. Ce tableau charmant, aussi beau que s'il étoit de Gas-

pard Netſcher , vient de la Collection de Monſeigneur le Prince de Conti. Toile. H. 24 p. l. 20.

415 L'Entrée d'un Veſtibule orné de co-lonnes & de ſtatues : huit perſonnes dont trois femmes vêtues en ſatin de diverſes couleurs , & placées autour d'une table , y forment un concert ; une autre femme plus éloignée , eſt aſſiſe ſur les degrés , & careſſe un chien. Ce tableau , d'une belle harmonie , & correct dans le deſſin, eſt un des bons de ce Maître. Il eſt peint ſur toile. H. 17 p. & demi, l. 20 p. & demi.

416 Un Tableau compoſé de cinq figures , hommes & femmes formant un concert ; une jeune femme habillée avec une robe pourpre & un jupon violet , tient d'une main une flûte , & de l'autre retourne un livre de Muſique. Ce morceau de mérite eſt peint ſur toile. H. 10 po. l. 12 po. & demi.

F E R G U S O N.

417 Différents Oiſeaux morts poſés ſur une table de marbre couverte en partie d'un tapis verd garni d'une frange en argent. Ce morceau , d'une grande fineſſe , eſt peint ſur toile. H. 20 p. l. 17.

C. L E L I E N B E R G H.

418 Une Table couverte de différentes piè-ces de gibier mort, d'un chou-fleur, chou rouge , & d'une partie de tapis

garni d'une frange d'or. Ce morceau d'u-
ne touche large, a le mérite rare d'y join-
dre un précieux fini. Toile. H. 25 , l. 31.

J. F. Vermeulen.

300. | 419 Une belle Prairie de Hollande, dans
laquelle font deux Vaches & un troupeau
de moutons ; à la gauche, font de grands
arbres, & un chemin où paſſe un Cavalier ;
un jeune garçon lui demande l'aumóne.
Ce Tableau, peint librement, imite parfaitement la manière de Paul Potter. Toile.
H. 19 p. & demi , l. 23.

Chalck.

49. | 420 Un Payſage, où eſt un étang. Deux
hommes y pechent à la ligne. Ce joli morceau , d'une bonne couleur, & qui a beaucoup d'effet, eſt peint ſur bois. H. 10 p.
l. 13.

P. Vas.

421 Deux petits Payſages, du meilleur ton
de couleur, & touchés avec eſprit. Ils
font peints ſur cuivre, & ſignés P. Vas.
H. 6 p. & demi, l. 7 p. & demi.

J. Grieff.

360. | 422 Deux Tableaux en pendant. Ils repré-
ſentent des repos de chaſſe, avec une
grande quantité de gibier mort, étendu
ſur des pierres, ou ſuſpendu à des arbres :
des chiens de chaſſe qui ſe repoſent, font à
côté de leurs Maitres. On peut regarder à
juſte

jufte titre ces deux morceaux, comme le
chef-d'œuvre de cet Artifte. Ils font peints
fur bois. H. 8 p. l. 11.

423 Deux autres beaux Tableaux ; l'un re-   280.1
préfentant Adam donnant les noms aux
animaux dans le Paradis terreftre ; l'autre,
Eve donnant la pomme à Adam : fur le devant font deux chiens peints avec la plus
grande vérité, un paon & divers oifeaux
perchés fur un arbre. Bois. H. 8 p. l. 10 p.
& demi.

424 Un autre Tableau , repréfentant un
Chaffeur appuyé fur les Ruines d'un obé-
lifque , ayant trois chiens devant lui , dont
un fixe plufieurs pièces de gibier mort, &
pofées à terre. Dans l'éloignement, on
apperçoit un autre Chaffeur. Toile. H. 22
p. l. 24.

425 Plufieurs légumes différentes , étalées   19. 4
pour vendre fur la place ; une femme jette
de l'eau deffus ; à côté d'elle eft un vafe de
fleurs ; plus loin , un homme tient un pot
de bière. De l'architecture & du payfage
compofent le refte du Tableau. Toile. H.
22 , l. 30.

V E R D U S S E N.

426 Une Vue d'Italie , où font des Ruines   48.19
d'architecture ; à la gauche, eft une rivière où deux hommes conduifent des
bœufs ; fur le devant, font trois femmes. Ce

H

tableau peint fur toile, porte 18 p. de h. fur 24 de large.

C. VANLOO de Hollande.

427 Une jeune Dame, affife près d'une table, jouant de la guitarre : elle eft accompagnée par un homme qui joue de la flûte ; fur la table font des livres de mufique ; au bas eft une guitarre ; dans le fond, eft un grand rideau rouge garni de franges d'or. Cet agréable Tableau & très-fini, eft peint fur toile. H. 27 p. l. 20.

THÉODORE NETSCHER.

428 Le Portrait d'une jeune fille vue plus qu'à mi-corps, vêtue d'une robe bleue à manches découpées avec une broderie en or ; elle cueille des rofes dans un jardin ; derrière elle eft un oranger dans un vafe placé fur un piédeftal. Ce tableau, d'une grande fraîcheur de coloris, eft peint fur toile. H. 17 p. l. 14.

CONSTANTIN NETSCHER.

429 Le Portrait d'une jeune Dame de la maifon de Waffenaer, fait avec beaucoup de fineffe. Cuivre. H. 6 p. l. 4 p. & demi.

SIMON VERELST.

430 Deux Tableaux en pendant, repréfentant des fleurs dans des vafes remplis d'eau : ils font de la plus grande fraîcheur, & peints par un Maître dont les productions

fupérieures en ce genre font très-rares.
Toile. H. 23 p. l. 20.

WITRINGA.

431 Une Vue de la Mer: on voit d'un côté
de hautes montagnes précédées par des
côteaux ornés de fabriques; plufieurs Matelots font occupés après des barques : différentes figures d'hommes & femmes font
diftribuées dans ce joli Tableau peint fur
bois. H. 8 p. & demi, l. 11 p. & demi.

432 Une Vue de la Mer à Scheveling: 37. 4
plufieurs Matelots font occupés à tranf-
porter fur le rivage le poiffon qui eft dans
une barque. Bois. H. 14, l. 20.

THÉOBALDE MICHAU.

433 Une autre Vue de la Mer à Scheveling: 115
des Pêcheurs forment fur le rivage des lots
du poiffon qu'ils ont pris. Ce Tableau rempli de vérité, eft peint fur toile collée fur
bois. H. 14 p. l. 11.

LA MARÉCHAR.

434 Deux Portraits, auffi précieufement   118 . 1
peints que s'ils l'étoient par Netfcher.
L'un eft celui de la Ducheffe de Bourbon
vêtue d'une robe en broderie, à qui un
enfant préfente une couronne de fleurs,
pour orner le Bufte de Louis XIV. L'autre, celui de la Ducheffe de Valentinois,
vêtue d'une robe de velours bleu, & ac-

compagnée d'une Négreſſe. Ils ſont ſur cuivre. H. 17 p. l. 14.

CASTKIEL.

41   435 Deux Tableaux en pendant, enrichis de quantité de figures ; l'un eſt la Vue d'un Port de Mer ; l'autre un Intérieur d'une grande Ville. Toile. H. 15 p. l. 22.

JANSSON.

70   436 Deux Tableaux en pendant, repréſentant des Payſages & une Vue de rivière ; on voit ſur le devant des animaux touchés dans le genre de Vanden-Velde. Toile. H. 12 p. l. 16.

BESCHAY.

437 La Tentation de Saint Antoine. Ce Tableau touché avec beaucoup de gout & de liberté, eſt entièrement dans la manière de David Teniers. Bois. H. 8 & demi , l. 6 p. & demi.

ANSON.

438 Deux Vues de la Mer bordée de grands rochers ; des Pêcheurs ſont ſur le bord. Bois. H. 12 , l. 16.

H. J. ANTONISSEN.

400   439 Deux beaux Payſages , traverſés chacun d'un chemin dans lequel des Bergers & Bergeres conduiſent des troupeaux ; des lointains très-agréables , & peints d'après nature , forment les fonds de ces deux ta-

bleaux, dont les fites & le ton de couleur font également intéreffans. Toile. H.
24 p. l. 32.

F. XAVERY.

440 Un Payfage, fur le devant duquel eft   370
un lac formé par une fource fortant d'un
rocher, & tombant en cafcades ; on y voit
un Berger qui y abreuve trois bœufs & des
moutons. Ce tableau, d'une touche ferme
& facile, annonce que ce Peintre s'eft attaché avec fuccès à la manière de Berghem,
qu'il a prefque égalée dans le feuillé des arbres. Bois. H. 17 p. l. 22.

ECOLE ALLEMANDE.

ALBERT DURER.

441 Jofeph d'Arimathie, enfeveliffant le
Chrift mort : la Magdeleine & fa fœur
font à genoux, & baignent de leurs pleurs
la main du Sauveur ; plus loin eft le Portrait d'une Dame à genoux, la tête couverte d'un voile blanc, qui eft probable-
ment celle pour qui ce Tableau a été fait.
Il eft fur bois. H. 18 p. l. 17.

JEAN HOLBEIN.

442 Deux Tableaux en pendants, qui pa-   150.
roiffent avoir fervi de volets à un oratoire.

Ils repréfentent les Portraits du Chancelier Morus & de fa femme, qui font d'une vérité frappante. Ils viennent de la Collection de Monfeigneur le Prince de Conti. Bois. H. 40 p. l. 12. 72

61   443 Une Princeffe Allemande, faifant fa prière devant la Vierge qui tient l'Enfant Jéfus : le grand fini de ce Tableau a tellement plu à des Amateurs, que dans des tems poftérieurs les meilleurs Artiftes de l'Ecole Flamande, tels que Péter Néefs & autres, en ont changé le fond, & y ont fubftitué une très belle architecture, un charmant Payfage, & un rideau qui donne plus d'effet aux figures de ce Tableau, peint fur bois. H. 12 p. l. 14.

444 Le Portrait d'un Magiftrat, vêtu d'une fimare de fatin noir, & la tête couverte d'un large chapeau de velours. Bois. **H.** 8 p. l. 5 p. & demi.

445 Un autre Portrait d'un Homme de Loi ayant une robe fourrée, & coëffé d'une toque. Bois. H. 5 p. & demi, l. 4 p. 9 lig.

446 Le Portrait d'un Médecin. Il eft comme les précédens, vu à mi-corps, & ajufté d'un habit noir doublé de peau de renard. Bois. H. 8 p. l. 5 p. & demi.

JEAN ROTENHAMER.

2800   447 Un Tableau capital de ce Maitre, repréfentant l'Enlévement des Sabines, au

milieu d'une fête donnée par les Romains.
Ce tableau, compofé d'une multitude de
figures touchées avec efprit, & d'un coloris admirable, eft un des plus beaux de
ceux qui exiftent de ce Maître. Toile. H.
57 p. l. 72 p. & demi.

448 Diane découvrant la groffeffe de Califto *900*
qui eft prête à entrer dans le bain. Le Dieu
du Fleuve eft fur le devant, appuyé fur fon
urne; des Amours voltigent fur la tête de
la Nymphe. Ce tableau, dont Breughels
de Velours a fait le Payfage, eft de la plus
belle couleur & d'une riche compofition.
Il eft peint fur cuivre. H. 10 p. l. 13.

449 Un autre Tableau, fur cuivre, d'un *1000*
mérite égal, & compofé de feize figures,
placées dans l'épaiffeur d'une forêt, fur le
bord d'une fontaine; repréfentant Diane
prête à entrer dans l'eau, & changeant en
Cerf Actéon pour l'avoir regardée. Le Payfage en eft auffi de Breughels de Velours.
H. 9 p. & demi, l. 13. *900. Vte de Dulac*

450 Le Combat des Centaures & des Lapi-
thes, au milieu d'un feftin. Cuivre. H. 12
p. l. 16. *900. Vente de Dulac.*

451 Loth avec fes deux filles qui lui verfent *76. 10*
du vin dans une coupe; on voit la Ville
de Sodome confumée par le feu. Ce tableau, d'une belle fonte dans les carnations, eft attribué à Rottenhamer étant à
Venife. Bois. H. 27 p. l. 38.

452 La Vierge portée fur des nuages, & te- *18*

nant l'Enfant Jéfus. Elle eft environnée d'Anges. Ce Tableau, véritablement du Maître, a été réparé dans le ciel qui étoit gâté. Cuivre. H. 10 p. l. 8.

GEORGES-PHILIPPE RUGENDAS.

40   453 Un Combat de Cavalerie, donné contre des Turcs; fur le devant eft le Général monté fur un beau cheval blanc. Toile. H. 52 p. l. 48.

HAMILTON.

39. 5   454 Un Nid d'Oifeaux, une Couleuvre, deux Oifeaux cherchant à défendre leur nid contre elle, des Colimaçons, une Sauterelle, & un Lézard fur un terrein couvert de mouffe. Tableau très-fin, peint fur bois. H. 14 p. & demi, l. 12.

HERNEST DIÉTRICI.

30   455 Un Payfage d'un fite montagneux, où paffe une rivière fur laquelle eft conftruit un pont qui conduit à un moulin; à la gauche de ce charmant Tableau, on apperçoit un Berger qui garde fon troupeau. Toile. H. 10 p. l. 13 & demi.

180   456 Deux portraits ajuftés fuivant le coftume oriental; l'un eft un Vieillard à longue barbe blanche; l'autre eft reconnu pour repréfenter la mere du Peintre. Ces deux morceaux, d'une touche large &

d'une belle expreſſion, ſont du plus vigoureux ton de couleur. Ils ſont peints ſur bois.
H. 12 p. l. 9.

457 Un Buſte d'Homme vêtu d'une robe 40. 19
brune fourrée, & coëffé d'un bonnet. Ce
tableau qui eſt éclairé par un rayon de Soleil, eſt d'un bon ton & d'un effet piquant. Toile. H. 18 p. l. 14.

J. F. GROOLH.

458 Deux Tableaux en pendant, ſur bois ; 130
ils repréſentent des canards morts & attachés à des arbres, la tête poſée à terre,
dans des herbages marécageux, remplis de
ſerpens, lézards, & autres animaux. Ils
ſont d'un beau ton de couleur, & d'une
grande vérité. Bois. H. 14 p. l. 9.

FR. HALL.

459 Le Buſte d'un Vieillard portant une
longue barbe, & coëffé d'un grand chapeau. Ce morceau étudié, & d'une ex-
cellente couleur, eſt peint ſur toile. H. 11
p. & demi, l. 8 p. & demi.

FREICH.

460 L'Intérieur d'une Chambre, dans la- 164
quelle eſt une jeune Dame aſſiſe devant
une table, ayant auprès d'elle ſon enfant.
Elle eſt occupée à marchander des bijoux
qu'une femme lui montre ; à la droite du

Tableau, eſt une autre femme debout, les mains croiſées ; un jeune garçon auſſi debout paroît attendre des ordres. Ce morceau aimable, d'une touche fine, approche du genre de Kaoux. Toile. H. 16 p. l. 19 p. & demi.

J. DORNEER.

260   461 Deux Tableaux en pendant, repréſentant des Intérieurs d'Atteliers d'Ouvriers, dont l'un eſt un Chaudronnier à ſon ouvrage, à qui une jeune femme apporte un poëlon à raccommoder : près de lui, ſont deux autres figures, dont un enfant tenant une aſſiette caſſée ; ſa femme, placée ſur le devant du Tableau, allaite ſon enfant.

Le ſecond repréſente un Tonnelier qui façonne un cerceau ; un garçon qui hache une planche ; au milieu eſt une femme avec trois enfans, dont l'un ramaſſe des copeaux. Ces deux morceaux remplis de caracteres, & d'un détail intéreſſant, ſont peints ſur cuivre. H. 15 p. l. 17.

MAYER.

299 '9   462 Deux Tableaux en pendant, repréſentant des Vues, d'après nature. Dans l'un, on apperçoit l'Egliſe d'un Village : un chemin qui paſſe devant, & au bas d'une montagne, eſt occupé par des troupeaux de bœufs & de chevres, que deux Pâtres

dont un monté fur un âne, conduifent;
à la droite, eft un ruiffeau. L'autre repréfente un chemin où l'on voit un homme
monté fur un cheval blanc, fuivi de fon
chien, & parlant à un Payfan; quatre autres figures fe voyent dans l'éloignement,
& vont à un Village qui eft au bas d'une
haute montagne; à la droite du tableau,
eft élevé un poteau d'une Juftice Seigneu-
riale. La nature eft rendue telle qu'on la
voit, dans ces deux morceaux qui font re-
gretter la perte qu'on vient de faire de
leur Auteur. Ils font peints fur bois. H. 11
p. & demi, l. 15.

P L A T Z E R, de Francfort.

463 **Deux différentes Vues de la Foire de**   700
Francfort: on y remarque une grande quantité de figures touchées avec efprit, & fur
le vifage defquelles on voit les divers in-
térêts qui les animent; le pinceau en eft
très-fin, & les caracteres en font bien
rendus: ils font fur cuivre. H. 13 p. &
demi, l. 17.

L. D E F R A N C E, de Liége.

464 **Des Voleurs emportant dans une ca-**   540. 2
verne qui leur fert de retraite, les dépouilles qu'ils ont prifes à des Voyageurs,
dont on voit les cadavres étendus à l'entrée. A la droite, eft une jeune fille qu'on
a mife en chemife, & dont trois Voleurs

fe difputent au fort la poffeffion ; elle eft affife fur une échelle , & plongée dans la douleur ; trois autres Voleurs font autour d'elle ; un quatrième brife une caffette. **A** la gauche , eft un autre Voleur déguifé en Capucin , qui parle à une femme ; au-def-fus eft un autre femme couchée dans un hamac fufpendu au tronc d'un arbre ; dans le fond , trois Brigands conduifent une femme qui pleure , & tient fon enfant par la main. Toute l'horreur d'un pareil fpec-tacle , eft rendue avec la plus grande éner-gie ; les caracteres font vrais , la compofi-tion riche , & le coloris féduifant. Il eft peint fur bois. H. 19 p. l. 26 p. & demi.

465 Un autre Tableau, du même Maître , dans lequel les effets de lumière & l'intel-ligence du clair-obfcur font portés à un degré éminent de perfection ; il repréfente une forge où huit Ouvriers font occupés à faire des cloux. Un enfant fait aller le foufflet. A la droite, un homme tenant une femme vêtue en Amazone , parle au Maî-tre-Ouvrier, & paroît l'interroger fur fon art ; les étaux & autres acceffoires d'une forge font précieufement terminés. Bois. H. 18, l. 24.

ECOLE FRANÇOISE.

Peintre de Fontainebleau.

466 Les Apôtres mangeant l'Agneau Paſ-
cal avant leur diſperſion. Ce Tableau peint
en 1563, ſur bois, porte 24 p. de h. ſur
17 de l.

Jannette.

467 Le Portrait vu aux deux tiers d'une jeune fille, tenant un chien entre ſes bras,
habillée ſuivant le coſtume du tems d'une
robe lilas clair, dont les manches ſont découpées & garnies de petits rubans. Ce tableau peint avec ſoin, porte 23 p. de h.
l. 17.

Simon Vouet.

468 Sept perſonnes, de grandeur naturelle,
aſſiſes ou debout autour d'une table couverte d'un tapis en broderie, & déſignant les
Arts.

   Ce Tableau, digne des grands Maîtres
Italiens, eſt un des plus beaux de Vouet,
qui s'y eſt peint lui meme à l'âge d'environ
quarante ans. Toile. H. 51 p. l. 72.

Jacques Callot.

469 Un Tableau, compoſé de quantité de
figures, repréſentant les Miſeres de la
Guerre. Toile. H. 17, l. 18.

25 470 Un Tableau, fur bois, repréfentant des
gueux qui fe battent. H. 11 p. l. 9.

POUSSIN & LE MAIRE.

24 471 Le Veftibule d'un Temple orné de Por-
tiques à demi ruinés : on y voit la ftatue de
Priape qu'un Satyre orne de fleurs ; des enfans les lui préfentent ; un petit Satyre
joue de la cornemufe ; on voit à-travers
les arcades la Ville de Rome : les figures
par Nicolas Pouffin font d'une belle touche & fpirituellement peintes. Toile. H.
36 p. l. 48.

JACQUES STELLA.

54. 1 472 La Vierge affife & appuyée fur une table , tenant l'Enfant Jéfus fur fes genoux.
Toile. H. 12 p. l. 10.

CLAUDE GELÉE, dit LE LORRAIN.

400 473 Deux beaux Payfages en pendant. L'un
repréfente au Soleil couchant, un beau
fite dont le milieu eft occupé par une rivière ; à la droite, eft une colline environnée d'arbres, au bas de laquelle eft un
chemin où paffe un troupeau conduit par
un Berger ; fur le devant eft un grand arbre près duquel une Dame & un Homme
fe difpofent à entrer dans une barque où
font deux bateliers ; un lointain de montagnes bien entendu fait le fond de ce Tableau.

L'autre, d'une beauté égale au précédent, repréfente l'intérieur d'un Jardin champêtre, où font entre autres figures, des femmes qui lavent du linge dans un lavoir pratiqué fous un berceau de vignes très-épais. Ce Tableau eft peint à l'heure du midi. Toile H. 19 p. l. 25.

474 Une Campagne, au bas de laquelle coule une rivière : on voit les Ruines d'un Château fur une colline ; à la droite, font un homme & une femme qui s'acheminent vers une forêt ; fur le premier plan, eft un troupeau de bœufs ; les animaux & la vapeur de l'air font fçavamment rendus dans ce Tableau. H. 23 p. l. 26.

B L A N C H A R D.

475 Un Tableau, d'une touche ferme, & d'une compofition fçavante, repréfentant Sufanne au bain, accompagnée de trois de fes femmes. On apperçoit les deux Vieillards qui veulent la féduire dans l'éloignement ; le fond eft un Payfage orné d'une belle architecture. Cuivre. 24 p. de diametre.

476 La Vierge occupée au travail ; l'Enfant Jéfus la careffe ; Saint Jofeph qui eft dans l'intérieur de la Chambre, exerce fon métier de Charpentier. Toile. H. 52 po. l. 40.

Laurent de la Hire.

60. | 477 Le Martyre d'un Saint auquel un Bour-
reau vient de trancher la tête; des Satel-
lites repoussent des femmes qui veulent
recueillir son sang; dans le haut est une
gloire d'Anges, dont un tient une palme.
Ce Tableau, du bon tems du Maître, est
peint sur toile. H. 22 p. & demi, l. 18 p.
& demi.

Charles-Alphonse du Fresnoy.

180. | 478 L'Enlévement de Proserpine, que ses
compagnes cherchent en vain à arréter;
belle composition dont le fond est un
Paysage, d'une touche large & d'un bon
ton de couleur. Toile. H. 26 p. l. 39.

Sébastien Bourdon.

479 Deux Tableaux de la première consé-
quence. L'un représente Moyse sauvé des
Eaux par les ordres de la fille de Pharaon
qui est debout, & qui les fait exécuter par
deux de ses Suivantes; un Vieillard tient
le panier où l'Enfant est exposé; derrière
la Princesse sont six autres de ses femmes.
Le Nil baigne la campagne; au-delà du
fleuve, on apperçoit la Capitale de l'E-
gypte, un pont, des pyramides & des
obélisques.

L'autre Tableau représente Moyse en-
fant foulant à ses pieds la couronne de
Pharaon, dans le vestibule du Palais du
Monarque.

Monarque. A la droite, font fix perfonnes de la Cour, dont un Vieillard tenant un poignard eft dans l'attitude d'en vouloir frapper l'enfant: à la gauche, la fille de Pharaon affife, & accompagnée de quatre de fes femmes, regarde la fcène qui fe paffe.

Ces deux Tableaux, dignes d'orner la Galerie du Roi, avoient eu cette deftina-tion : ils étoient en plus grand, & une Couronne Etrangere en acquit, il y a plufieurs années, trois qui en étoient la fuite ; ceux qu'on vient de décrire n'é-toient pas alors dans le cas d'être vendus ; on ne peut en contefter la beauté de la compofition, l'expreffion & le coloris ; ils font du nombre des productions de ce Maître, qui l'ont immortalifé ; les figures font grandes comme nature. Ils font peints fur toile. H. 9 pieds 6 pouces, l. 10 pieds & demi.

480 Un Tableau capital, venant du Cabinet de M. de Laffay, & qui y a été admiré de tous les Connoiffeurs : il repréfente Apollon pourfuivant Daphné qui eft changée en laurier ; fes compagnes qui font dans l'éloignement ont les yeux fixés fur la fcène qui fe paffe. Le Dieu du Fleuve eft appuyé fur fon urne ; des Amours volti-gent dans les airs. Ce Tableau, d'une belle fonte de couleur & aimable compofition,

eſt peint ſur toile. H. 6 pieds 8 pouces ;
l. 9 pieds 2 pouces. +

481 Le Départ de Jacob avec ſa famille,
ſes domeſtiques & ſes troupeaux, de chez
Laban. Ce Tableau admirable par ſa belle
compoſition, ſon ton de couleur harmo-
nieux & argentin, vient du Cabinet de
M. Michel Vanloo. Toile. H. 18 p. l. 14.

482 La Converſion de Saint Paul ; on le
voit renverſé à terre ; ſon cheval effrayé
eſt retenu par un Satellite de ſa ſuite ;
d'autres Soldats à cheval & à pied, paroiſſent ſaiſis d'étonnement ; Jéſus-Chriſt
du haut des nues, fait entendre ſa voix
au Perſécuteur de ſon culte. Ce Tableau,
d'une ſage ordonnance & d'un beau coloris, eſt digne de la haute réputation de ce
Peintre. Toile. H. 36 p. l. 42.

483 Les Portraits de deux Généraux d'armées, revêtus de leurs cuiraſſes & écharpes ;
ils ſont vus plus qu'à mi-corps, & de forte
nature. Ces deux Tableaux, qui ſont en
pendans, ſont d'une grande fineſſe de couleur, & viennent de la Collection de Monſeigneur le Prince de Conti. Toile. H. 40
p. l. 33.

484 Saint Pierre & Saint Paul guériſſant les
Malades, & délivrant un Poſſédé qui eſt
enchaîné à une colonne. Ce Tableau vigoureuſement peint eſt du bon tems de ce
Maître. Toile. H. 31 p. l. 27.

485 Pluſieurs Soldats autour d'une table de

pierre placée à l'entrée d'une caverne ; l'un d'eux tient un verre de vin, deux autres se disputent ; sur le devant, un jeune garçon tient d'une main son chapeau, & de l'autre son bâton ; plus loin un homme vu par le dos est assis à terre près d'un feu & ayant à côté de lui une armure. Ce morceau est du ton de couleur le plus fin. Toile. H. 20 p. l. 15 p. & demi.

486 Des Gueux & Mandians préparant leur repas au bas d'un ancien édifice. Ce Tableau, dans le genre de Bamboche, est peint sur toile. H. 22 p. l. 30.

487 Une Vue du Pont du Gard au Soleil levant ; deux personnes sont assises sur un rocher. Toile. H. 11 p. l. 13 p. & demi.

Thomas Blanchet.

488 La Vierge, l'Enfant Jésus, & Saint Joseph. Ce Tableau, d'un beau coloris, dont les figures sont plus fortes que nature, est peint sur toile. H. 36 p. l. 46.

489 Susanne surprise au bain par les deux Vieillards. Ce Tableau, dans lequel la figure principale est finie avec soin, est sur toile. H. 36 p. l. 48.

Eustache Le Sueur.

490 Tobie dans la Chambre de son Epouse, jettant dans le feu le foie du poisson, pour chasser l'esprit malin ; l'Ange qui est à côté de lui, se fait connoître pour son

compagnon de voyage ; fa femme affife ;
& pleurant déjà la perte de fon époux,
qu'elle croit affurée, paroît faifie d'étonnement ; on voit de l'entrée de l'appartement une campagne où font deux perfonnes ; la correction du deffin, le brillant du coloris, la fageffe d'une belle compofition, mettent ce Tableau au rang des meilleures productions de ce fçavant Artifte, dont les Tableaux de chevalet, font très-rares. Toile. H. 32 p. l. 45.

CHARLES LE BRUN.

491 Efther tombant évanouie aux pieds d'Affuérus qui eft fur fon trône : deux de fes femmes la foutiennent : Aman affis fur les degrés de ce trône, tient en fes mains l'arrêt de profcription contre les Juifs.

Les fentimens de douleur dans la Reine, de bonté dans le Prince, & d'inquiétude dans fon Miniftre, font exprimés fur les vifages avec toute la vérité que le Brun mettoit dans fes tableaux. Toile. H. 64 p. l. 42.

JACQUES COURTOIS, dit LE BOURGUIGNON.

492 Un Combat de Cavalerie, qui fe donne dans une vafte plaine fituée au pied des montagnes. Ce Tableau, où l'on remarque tout le feu de l'action & une couleur brillante, eft du meilleur tems du Maître. Toile. H. 13 p. l. 25.

492 *bis.* Deux Tableaux en pendant. L'un   24
repréſente l'attaque d'un pont fortifié dont
des troupes défendent le paſſage. Sur le
devant on voit arriver un Régiment de
Cuiraſſiers à cheval. L'autre repréſente un
pont ſur lequel paſſe de la Cavalerie. Toile.
H. 14 p. l. 14.

GUILLAUME COURTOIS.

493 Un Tableau d'une extréme fineſſe dans
le genre de Bartholomé Bréenberg. Il repréſente un Payſage ſur le devant duquel
eſt une rivière où ſont deux barques de
Pêcheurs. Au delà eſt une colline ſur laquelle eſt conſtruite une tour; au bas ſont
des troupeaux; d'autres animaux paiſſent
dans un vallon ſur lequel s'étend un ciel
brillant. Cuivre. H. 6 p, & demi, l. 7.

494 La Vue d'un Rivage. On voit une tour
ſituée ſur des rochers qui s'avancent dans
la mer; un vaiſſeau dont on n'apperçoit
qu'une partie, occupe la droite du Tableau : une chaloupe pleine de monde,
s'avance vers le rivage où ſont ſept perſonnes. Cuivre. H. 6 p. & demi, l. 8 p.
& demi.

ANTOINE LE NAIN.

495 Une Aſſemblée de gens de diſtinction
de divers Etats dans une eſpece d'hôtellerie: ils ſont au nombre de ſix, placés
autour d'une table ſur laquelle eſt une

chandelle allumée posée sur un tapis ; ils s'amusent à fumer : derrière eux est un Negre disposé à les servir : deux bouteilles sont dans un seau de cuivre à terre : dans l'enfoncement du Tableau est un homme qui se chauffe ; on n'en peut désirer un plus beau de ce Maître, soit pour le fini & l'expression des figures, soit pour la perfection des draperies. Toile. H. 44 p. l. 50. 1680. *Vᵗᵉ de la Brun*

496 Les Bergers adorant l'Enfant Jésus dans la créche, & apportant leurs présens à la gauche de cette composition, on voit sur un nuage l'Ange qui annonce aux Bergers la naissance du Messie. Ce Tableau, du plus grand effet & rempli do caractere, peut être regardé comme un de ceux où ce Peintre a porté son art au plus haut degré de perfection. Toile. H. 27 p. l. 35.

497 L'Intérieur d'une Etable, dans laquelle sont des bœufs, des moutons, des oies, des dindes, poules & pigeons, un homme versant du lait dans une beurrière, & divers accessoires d'une ménagerie. Ce Tableau vient de la Collection de Monseigneur le Prince de Conti. Sur toile. H. 23 p. l. 29. *325*

498 Le Portrait d'une jeune Paysanne dont les cheveux sont épars : elle est dans un ancien fauteuil représentée aux deux tiers. tenant dans ses mains un livre qu'elle lit

avec attention. Ce morceau, de la plus
parfaite vérité, eſt ſur toile. H. 24 p. l.
21.

LOUIS LE NAIN.

499 Une vieille Femme aſſiſe ſur un banc,   36
& près d'elle deux Enfans occupés l'un à
couper du pain, l'autre à dire ſon *Bene-*
dicite. Ce Tableau, dont les figures ſont
vues à mi-corps, eſt peint ſur toile. H. 20
p. & demi, l. 24.

NOEL COYPEL.

500 Saint Louis au lit de la mort, recevant
la Communion des mains d'un Evêque:
ſon fils & ſes Officiers ſont en pleurs autour de ſon lit: des Anges paroiſſent dans
des nuages au deſſus de ſa tête: ce Tableau qui eſt gravé, & qui a de la réputation, eſt peint ſur toile. H. 58 p. l. 38.

JEAN FORETS.

501 Un des plus beaux Tableaux de ce   60.,
Maître, & des mieux colorés, repréſentant Diane & Endymion. Toile. H. 24 p.
l. 30.

LUBIN BEAUGIN.

502 La Vierge vêtue d'une draperie rouge   130
& bleue, aſſiſe au bas d'une colonne, ſur
la baſe de laquelle S. Joſeph eſt appuyé:
elle tient devant elle l'Enfant Jéſus qui
I iv

met un anneau au doigt de Sainte Catherine. Ce Tableau, dont l'Eſtampe eſt connue, eſt d'une belle fonte de couleur, & approche du genre du Guide. Toile. H. 48 p. l. 66.

48 503 Un homme attachant inhumainement ſa Femme à quatre pieux pour l'égorger : elle a les yeux levés vers le ciel, & eſt accompagnée de deux Enfans, dont un pleure, & l'autre tâche d'arrêter ſon Bourreau. Ce Tableau, d'une fineſſe de couleur égale au Bourdon, eſt peint ſur toile. H. 30 p. l. 24.

504 La Vierge aſſiſe & vue juſqu'aux genoux, tenant ſur elle l'Enfant Jéſus endormi : ce Tableau, d'un beau ton de couleur, eſt un des plus fins de ce Maître. Bois. H. 6 p. & demi, l. 5 p.

505 Un autre Tableau de la Vierge, tenant l'Enfant Jéſus endormi, peint dans la manière des grands Maîtres de l'Ecole de Bologne. Bois. H. 12 p. l. 7.

CHARLES DE LA FOSSE.

506 La Mere, l'Epouſe & les deux Fils de Coriolan proſternés aux genoux de ce Guerrier, qui, à la tête des Volſques, ſe diſpoſe à prendre la Ville de Rome, d'où il a été banni. Ce Tableau, un des plus beaux de ce Maître, a été gravé en 1723 par Thomaſſin. Toile. H. 7 pieds, l. 9.

430 507 Notre Seigneur dans le déſert, adoré

& servi par les Anges. Ce Tableau, d'un coloris brillant & d'un faire admirable, vient de la Collection de Monsieur de Julienne. Toile. H. 38 p. l. 48. *312.1*

508 Un Berger assis au pied d'un arbre, *6.15* jouant de la flûte près de sa Bergere. Bois. H. 10 p. l. 8.

JOSEPH PAROCEL.

509 Cyrus assis sur son trône, distribuant à *380.1* ses généraux les honneurs & les récompenses : on voit dans l'éloignement la ville d'Ecbatane & des montagnes. Ce Tableau dans le genre historique, est un des plus capitaux de ce Maître, & tient de la force & du coloris de Raimbrant. Toile. H. 42 p. l. 54.

510 Deux Tableaux en pendant, du plus *270* beau ton de couleur, & bien caractérisés dans les figures. L'un représente un Combat des Allemands contre les Turcs donné sur un pont ; l'autre une Compagnie de Soldats dans un jardin autour d'une table, dont les uns chantent & les autres boivent. Toile. H. 17 p. l. 20.

PIERRE PATEL.

511 Un Paysage avec les ruines d'un bel *80.4* édifice, que le tems a détruit. Il est enrichi de figures. Toile. H. 36 p. l. 48.

512 Deux Paysages en pendant, d'une com- *68* position agréable ; ils sont enrichis de

ruines d'édifices, & repréſentent la campagne, l'un au lever, l'autre au coucher du Soleil. Toile. H. 12 p. l. 25.

PÉRELLE.

513 Un joli Payſage, où l'on voit une rivière qui borde une forêt. Sur le devant, ſont un Berger & une Bergere qui gardent des moutons. Bois. H. 8 p. & demi, l. 10 p. & demi.

BON BOULOGNE.

816 514 Deux Tableaux des plus capitaux de ce Maître, l'un repréſentant la Naiſſance d'Adonis; l'autre ſa Mort. Le Peintre a pris l'inſtant où il eſt renverſé par le ſanglier Vénus deſcend ſur un nuage pour le ſecourir. Ces deux Tableaux, dignes des grands Maîtres d'Italie que l'Auteur avoit étudiés avec ſoin, viennent de la Vente faite à l'Hôtel Colbert, & avoient été faits pour le grand Miniſtre de ce nom. Toile. H. 38 p. l. 47.

300 515 Lucrece aſſiſe ſur ſon lit, tenant le poignard dont elle va ſe frapper; une figure noble, accablée de triſteſſe, caractériſe cette Héroïne Romaine : derrière elle eſt un beau rideau bleu, ſoutenu par une figure en Terme. Sur toile. H. 45 p. l. 51.

CHARLES-FRANÇOIS POERSON.

6 516 Le Tems enlevant la Vérité qui eſt

prefque nue , & à qui l'Amour cherche à
arrache ce qui lui refte de vetemens : ce
Tableau tient beaucoup du fublime pinceau de le Sueur, à qui nous n'ofons le
donner, à caufe de quelques négligences
qui s'y rencontrent : mais qui eft certainement de celui qui , dans notre Ecole, l'a
approché de plus près : il eft fur toile, de
forme ovale. H. 24 p. l. 19.

FRANÇOIS DESPORTES.

517 Deux Cygnes dans un vivier, & quatre
Canards, dont un femble être pourfuivi.
Le fond de ce beau Tableau eft un Payfage, auffi largement touché que les Oifeaux. Toile. H. 43 p. l. 54.
518 Un joli Chien épagneul , qui paroît arrêter un Oifeau de rivière caché dans des
rofeaux. Il eft peint à faire illufion. Toile.
H. 17 p. l. 22.

JEAN-FRANÇOIS DE TROYES.

519 Diane au bain , accompagnée de fes
Nymphes, dont les vifages annoncent la
furprife fur la métamorphofe d'Actéon en
Cerf, & pourfuivi par fes chiens. Ce morceau , d'une belle ordonnance , très-agréable par le fujet & le ton de couleur, vient
d'être fupérieurement gravé par M. le
Vafleur. Toile. H. 47 p. l. 71.
520 L'Apparition de Saint Louis à Henri
IV, après la bataille d'Ivry : on voit dans

l'éloignement un camp, des Hommes à cheval . & le veftibule d'un Palais : Efquiffe terminée fur carton. H. 7 p. & demi , l. 6 p. & demi.

NICOLAS VLEUGELS.

521 L'Arrivée d'Ariftée dans la grotte de fa mere : plufieurs Nymphes s'empreffent à le recevoir, tandis que d'autres lui préparent un repas. Ce Tableau de la compofition la plus agréable, & d'un coloris fincere, eft fans contredit le plus beau qu'on connoiffe de ce Peintre. Bois. H. 11 p. l. 14.

522 Le Gafcon puni : Sujet tiré d'un Conte de la Fontaine : ce Tableau d'un très-bon effet, & d'une grande fineffe de pinceau, eft peint fur cuivre. H. 13 p. l. 10.

523 Notre-Seigneur affis , & difputant avec Simon le Pharifien : très-bon Tableau dans le genre de l'Ecole Italienne. Toile. H. 6 p. & demi, l. 8 p. & demi.

ROBERT TOURNIERE.

524 Le Portrait du Poëte la Mothe en robe de chambre, & travaillant à des pièces de Poéfies : il eft gravé de même grandeur que le Tableau , qui eft peint fur bois. H. 7 p. & demi, l. 5 p.

GILLOT.

525 Le Singe malade, Sujet grotefque, &

plaiſamment exécuté dans le genre d'ara-
beſque ; le Portrait du Médecin y eſt ſin-
gulièrement dépeint. Toile. H. 20 p. l. 16.

Antoine Vatteau.

526 Un Payſage agréable vu de l'Entrée
d'un Jardin où eſt raſſemblée une compagnie de ſix perſonnes ; quatre ſont aſſis,
& les deux autres ſe promenent en cauſant. Deux enfans jouent enſemble près des
degrés d'un veſtibule : ce Tableau, admirable par ſa touche ſpirituelle & ſon coloris brillant, vient de la Collection de
M. le Duc de Grammont, & a été enlevé
avec tout le ſuccès poſſible de bois ſur toile. H. 14 p. l. 17.

527 Deux Payſages faiſant pendant. L'un
repréſente un Parc, où l'on voit ſix Perſonnes, dont une Femme & un Berger qui
font un bouquet de roſes. Dans l'autre,
on apperçoit un homme en manteau rouge, vu de côté, & parlant à un autre qui
eſt aſſis à côté d'une femme ; près d'eux
un enfant joue avec un chien. Ces deux
Tableaux, d'une belle touche & bien
conſervés, viennent de la collection de
Monſeigneur le Prince de Conti. Toile.
H. 16 p. l. 13.

528 Deux Tableaux richement compoſés &
enrichis d'un grand nombre de figures.
L'un repréſente une Halte de Soldats ſous
une tente & ſous des arbres ; l'autre, les

bagages de l'armée qui défilent par un très-grand vent, dont l'effet est rendu avec la plus grande vérité; ils sont escortés par des troupes. Ces deux Tableaux qui sont gravés, joignent au mérite des productions de leur auteur, celui d'être peints avec des couleurs très-claires qui ont conservé toute leur fraîcheur. Bois. H. 7 p. & demi, l. 12 p. & demi.

529 Un jeune homme assis, & jouant de la guitarre; une femme couverte d'un voile noir, & peinte avec esprit, est près de lui : le fond est un Paysage terminé par des ruines. Toile. H. 15 p. l. 12.

WATTEAU ET PATER.

530 Une Fête champêtre donnée dans un beau Jardin. Ce Tableau, dont la plus grande partie des figures a été peinte par Watteau, & le reste par Pater, est de la plus belle ordonnance, & ne laisse rien à désirer. Toile. H. 18 p. l. 23.

WATTEAU & BOYER.

531 Un Paysage, à la gauche duquel est un piédestal orné de bas-reliefs; sur un plan éloigné est une fontaine où une femme lave du linge; au bas du piédestal est un joueur de flute assis près d'une femme: ces deux figures sont peintes par Watteau, le Paysage & l'architecture par Boyer. Toile. H. 22 p. l. 15 p. & demi.

VATTEAU & LA JOUE.

532 Un Payfage fait pittorefquement par la   48
Joue, dans lequel on a placé une balançoire entre deux arbres ; une jeune Femme
eft aſſiſe deſſus, & un jeune Homme qui
tient la corde la fait voltiger ; deux autres
font Spectateurs : les Figures font par
Vatteau. Sur toile. H. 34 p. l. 52.

VATTEAU & NORBLIN.

533 Deux Tableaux en pendant ; l'un par   220
Vatteau, repréfente une jeune Femme vêtue fuivant le coſtume oriental ; elle eſt
aſſiſe dans un boſquet, le bras appuyé fur
un couſſin, & tenant dans fa main gauche
un fruit. Ce Tableau, touché avec beaucoup d'efprit, vient du Cabinet de M.
Boucher, premier Peintre du Roi ; l'autre
peint par Norblin, repréfente un jeune Efpagnol dans un jardin ; il eſt vu de côté,
tenant une guitarre : l'un & l'autre font
peints fur bois. H. 7 p. & demi, l. 5.

JEAN-MARC NATTIER.

534 Bacchus aſſis fur un trône, au milieu
d'un boſquet de vignes, tenant d'une main
fon tyrfe & de l'autre une coupe dans laquelle un Amour verfe du vin ; un petit
Satyre eſt debout près de lui, mordant
dans une grappe de raiſins ; trois enfans
font fur le devant, dont un joue avec une

Panthere. Ce Tableau, d'un effet féduifant & d'un beau coloris, eft fur toile. H. 24 p. l. 19.

FRANÇOIS LE MOINE.

535 Un Payfage varié. Dans le milieu eft une Ifle où eft élevée une haute piramide qui paroît couvrir la fépulture de quelque Perfonnage diftingué; la rivière qui l'environne, répand une fraîcheur agréable fur tout le Tableau; quatre figures différemment placées le rendent encore plus intéreffant ; le coloris eft celui qu'on aime dans ce Peintre , & ajoute au mérite d'une belle compofition. Toile. H. 24 pouc. l. 32.

NICOLAS LANCRET.

536 Deux Tableaux en pendant. Ils repréfentent des Vues champêtres. Dans l'un , une jolie femme voltige fur une balançoire. Dans l'autre, eft une Société d'hommes & de femmes, dont les uns jouent des inftrumens , & les autres danfent. Ces deux morceaux, d'une touche légere & fpirituelle , font les plus parfaits qu'on puiffe trouver de cet Artifte. Toile. H. 14 p. l. 10.

537 Une Vue d'après nature, d'un moulin: on voit au bas une jeune fille qui pèche à la ligne, tandis qu'un jeune homme reçoit du poiffon qu'une autre lui donne.

donne. Un Pêcheur se dispose à lever son filet ; à la droite du Tableau, est un Paysan debout. Toile. H. 23 p. l. 17.

538 Un Repas champêtre, pris sous des arbres par trois hommes & trois femmes. Un buffet est placé sous un arbre, & trois Valets sont employés à les servir. Toile. H. 36 p. & demi, l. 48. — 150

539 Une femme vêtue d'une robe rouge fourrée de marthe, le collier & la toque de même, sortant d'un bosquet où l'on voit un piédestal. Ce Tableau, dont la figure principale intéresse, est peint sur toile. H. 34 p. l. 36. — 54.1

540 Deux Tableaux en pendant. Dans l'un est une jeune femme vêtue d'une robe cerise clair, fourrée de marte ; dans l'autre, un jeune homme dans le costume turc. Ils sont dans un joli fond de Paysage. Toile. H. 27 p. l. 22. — 33

LANCRET ET BÉNARD.

541 Deux Tableaux en pendant. L'un par Lancret, est gravé sous le titre du Camouflet donné ; l'autre par Bénard, représente une jeune Servante vue à mi-corps près d'une croisée. Toile. H. 19 p. l. 15. — 97

JEAN-BAPTISTE PATER.

542 Une Halte de Soldats qui prennent leur repas près des cantines des Vivan- — 1043

diers. A la gauche, devant des tentes est
une charette où l'on charge du bagage ;
un riche Payfage & un beau Ciel terminent ce tableau dont l'harmonie & le coloris égalent la richeffe de la compofition.
Toile. H. 22 p. l. 27.

543 Un Bal champetre, exécuté par une
troupe d'hommes & de femmes galamment
vetue ; dans le milieu, une jeune femme
danfe avec un homme au fon de divers
inftrumens. Ce Tableau, d'un ton de couleur féduifant, eft très-fini ; la touche en
eft délicate & fpirituelle. Il peut être mis
au rang des meilleures productions de ce
Peintre. H. 23 p. l. 27.

544 Deux Tableaux en pendant, repréfentant des campagnes riantes, où font des
groupes d'hommes & femmes dans un
coftume galant. Ces deux morceaux, du
plus beau ton de couleur, & fpirituellement touchés, font auffi agréables que
les précédens. Toile. H. 18 p. l. 21 p. &
demi.

545 Une femme à moitié déshabillée lavant
fes jambes dans l'eau d'une fontaine ; fa
fille eft affife près d'elle ; fon Amant caché
derriere un arbre, cherche à s'approcher.
Un charmant Payfage fait le fond de ce
beau Tableau, dont le mérite eft connu.
Il eft peint fur toile. H. 12 p. l. 14 p. &
demi.

546 Une efquiffe très-avancée, repréfentant

plufieurs femmes au bain, ou prêtes à y entrer ; des hommes cachés les regardent attentivement à travers les feuillages ; un plus hardi tâche d'en arrêter une ; un Vieillard jaloux en obferve une autre.

Il ne manque à ce Tableau , qui eft de la compofition la plus charmante . que d'avoir été entièrement terminé , pour tenir le premier rang parmi les productions de ce Maître. Toile. H. 24 p. l. 30.

547 Un Payfage agréable, arrofé par une 51 rivière ; à la droite, font de grands arbres & quatre figures ; à la gauche, & dans l'éloignement, on découvre un moulin , des montagnes , & quelques fabriques. Ce morceau . d'un bel effet, & bien coloré , eft peint fur toile. H. 26 p. l. 21.

548 La Vue d'une Ferme , dont on dé- 96 couvre une partie des bâtimens & le colombier, où un homme & une femme montent pour prendre des pigeons ; fur le devant un Berger garde des moutons ; une femme montée fur un cheval blanc , & précédée d'un enfant monté fur un autre cheval , paffent un ruiffeau. Toile. H. 18 p. l. 22.

CHARLES COYPEL,

549 L'Apothéofe de Saint Grégoire porté 51 au Ciel par les Anges. Ce Tableau , d'un coloris frais , eft fait fpirituellement. Il eft

K ij

de forme ronde dans une bordure quarrée, & porte 36 p. de diametre.

50. 1 550 Le Génie fous la figure d'un beau jeune homme ailé ayant une flamme fur la tete, infpirant la Peinture repréfentée fous la forme d'une belle femme tenant une palette & des pinceaux : ingénieufe compofition, dont les figures font grandes comme nature. Toile. 6 pieds 4 po. de diamètre.

D E B A R R E.

74. 19 551 Un Sujet de cinq Figures de caractere de la Scène Italienne, artiftement peint dans le genre de Watteau, avec un joli fond de Payfage. Toile. H. 37, l. 29.

P I E R R E S U B E Y R A S.

279 552 Deux Tableaux fur toile, dont les fujets font tirés des Contes de la Fontaine; l'un fous le titre du Faucon, l'autre fous celui de Frere Luce : ils viennent de la Vente faite aprés le decès de M. Natoire, Directeur de l'Académie de Peinture à Rome. H. 13 p. l. 10.   47

12 553 Le Portrait d'une Princeffe Italienne, richement habiliée dans le coftume du feizième fiècle. Ce Tableau tient beaucoup à la maniere du Titien. Toile. H. 7 p. & demi, l. 5 p. & demi.

CHARLES NATOIRE.

554 Une très-belle efquiffe terminée, re- 66
préfentant Vénus qui ordonne à Vulcain
de faire des armes pour Enée ; on voit
dans une caverne plufieurs Cyclopes occupés à les forger. Toile. H. 24 p. l. 20.

555 Une figure de femme vue à mi-corps, 76 1
& repréfentant la Géométrie ; elle eft appuyée fur une table, tenant de la main
droite un compas. Ce Tableau a le gracieux qu'on trouve dans les ouvrages de ce
Maître.

556 Une Allégorie ingénieufe, repréfentant 144
une jeune femme la gorge découverte en
partie, allumant avec un verre aux rayons
du Soleil un flambeau qu'elle tient en fa
main ; un Amour leve le voile qu'elle a
fur fa tête, & tient une fleche dont il fe
prépare à la percer ; une jeune fille eft
attentive à ce qui fe paffe. Cette belle
copie d'après le Moine, par Natoire,
eft de forme ovale, dans une bordure
quarrée. Toile. H. 26 p. l. 34.

JEAN GRIMOU.

557 Deux Tableaux en pendant. L'un re- 70
préfente une jolie femme habillée en mar-
mote ; l'autre un jeune garçon vêtu en
Savoyard, coëffé d'un chapeau garni de
plumes, portant fur fon dos une lanterne
magique. Ces deux morceaux, très-fins de

couleur, & rendus avec vérité, sont peints fur toile. H. 20 p l. 16 & demi.

PIERRE-JACQUES CAZES.

558 Vénus fortant de la mer, affife fur un char formé de coquillages & tiré par des dauphins. Les Dieux & les Déefles de la Mer s'empreffent de lui en offrir les productions : deux Tritons fonnent de la conque marine : cinq Amours étendent un voile fur la tête de la Déefle ; un autre lui amène fes colombes, & celui qui eft le plus caractérifé tient fon arc & décoche des fleches. Ce morceau intéreflant par la compofition & le coloris eft peint fur toile. H. 48 p. l. 72.

TILLIARD.

559 Deux Tableaux en pendant. L'un repréfente un concert formé par une compagnie d'hommes & de femmes, dans un jardin qu'une rivière borde ; l'autre, plufieurs perfonnes, hommes, femmes & enfans, affemblées dans un Sallon, dans l'enfoncement duquel on voit un buffet garni. Toile. H. 22, l. 27.

SARRABAT.

560 Hérodias recevant des mains du Bourreau la tête de Saint Jean-Baptifte. Ce tableau, du coloris le plus vigoureux, eft

un des meilleurs de ce Peintre. Toile. H.
48 p. l. 36.

FRANÇOIS BOUCHER.

561 Jupiter fous la figure de Diane, cherchant à furprendre Califte ; près d'elle eft
un Amour, & plus loin l'aigle de Jupiter :
le fond repréfente un bofquet agréable ,
dans le haut duquel trois Amours fe tiennent fufpendus à une branche , & étalent
des guirlandes de fleurs ; divers acceffoires
enrichiffent ce charmant tableau , qui vient
de la Collection de Monfeigneur le Prince
de Conti. Toile. H. 36 p. l. 27.

562 Vénus & les Grâces enchaînées avec des
fleurs par les Amours. Cette Ebauche très-
avancée , & d'une aimable compofition ,
avoit été faite pour l'Impératrice de Ruf-
fie ; elle eft de forme ovale , dans une
bordure quarrée. Toile. H. 39 p. l. 46.

563 Un joli Payfage, où l'on voit une rivière, & un pont derrière lequel eft un
colombier. Ce joli morceau orné de figures , eft gravé fous le titre du Colombier.
Toile. H. 23 p. l. 19.

564 Une Efquiffe avancée , d'une Vue
champêtre où l'on voit un hameau entouré d'arbres , devant lequel paffe un
ruiffeau. Un pont le traverfe , & deffus eft
une femme qui conduit un troupeau de
moutons ; deux Payfans fuivent avec un
âne chargé de bagage. Sur le devant font

deux femmes qui lavent du linge. Il eſt de forme ovale. Toile. H. 28 p. l. 21.

565 Un joli Payſage d'après nature, avec une rivière au bord de laquelle ſont des Pécheurs. Bois. H. 8 p. l. 8 p. & demi.

566 Une Eſquiſſe en grizaille, d'un beau faire, repréſentant la Prédication de Saint Jean dans le Déſert. Toile. H. 28 p. l. 14 & demi.

CARLE VANLOO.

567 Sainte Clotilde à genoux devant un tombeau, ayant la tête & les yeux élevés vers une gloire d'Anges; derrière elle, eſt une table couverte d'un tapis violet clair, ſur laquelle eſt un livre ouvert. Ce tableau d'une grande beauté, eſt le petit de celui qui eſt dans la Chapelle du Château de Choiſy : il a paſſé du Cabinet de Louis-Michel Vanloo en celui de Monſeigneur le Prince de Conti. Toile. H. 27 p. l. 17.

568 Une femme d'un air majeſtueux, coëffée avec des fleurs & des perles, le ſein à moitié découvert, vétue d'une robe brodée en or; elle tient d'une main des fleurs, & de l'autre un encenſoir d'ou s'exhale la vapeur des parfums : elle paroît dans l'idée du Peintre déſigner l'odorat. Ce tableau fait ſçavamment, eſt ſur toile. H. 32 p. l. 41.

569 Une très-belle Eſquiſſe avancée, repréſentant Clytie changée en Tourneſol.

L'Amour en pleurs à côté d'elle vient d'éteindre son flambeau; elle est sur le bord de la mer, où l'on voit le Soleil se précipiter dans son char. Toile. H. 41, l. 53.

570 Une autre belle esquisse, de même grandeur, & d'une égale beauté, représentant Bacchus & Ariane dans l'Isle de Naxos; le Dieu porte un manteau de peau de tigre, & la Princesse assise tient un thyrse à la main : deux Amours, dont un la couronne, sont élevés sur sa tête ; un troisième est à côté d'elle ; on voit la mer dans l'éloignement. Toile.   240

571 La Vierge debout, couverte d'une draperie bleue, & tenant l'Enfant Jésus, qui reçoit les présens des Rois prosternés devant lui : ce Tableau ressemble au genre de Carle Maratte, & a été peint en Italie. Toile. H. 23 p. l. 16.   120   120

572 Une belle Esquisse largement touchée, représentant Saint Pierre qui guérit un Paralytique. Toile. H. 23 p. l. 14.   36

S P O E D E.

573 Un agréable Tableau, & d'une composition brillante, représentant Cérès descendue de son char, porté sur un nuage, & recevant les prémices des fruits de la terre que des Amours lui présentent. Toile. H. 27, l. 44.   96

LUCAS.

574 Un Tableau repréſentant Diane qui
ſouſtrait Aréthuſe aux pourſuites d'Alphée
en la métamorphoſant en Fontaine. Toile.
H. 24 p. l. 30.

J. B. MARIE PIERRE.

575 Un Vieillard tenant un bâton, & ayant
une barbe griſe, aſſis dans une chaumière
près d'une Payſanne qui a un mouchoir
blanc autour de la tête. Sur la table ſont
un pot de terre & un vieux chandelier : ce
morceau d'un deſſin correct & d'une grande vérité, a été gravé. Toile. H. 48 p.
l. 36.

JOSEPH VERNET.

576 Deux Tableaux en pendant, peints en
Italie en 1758. L'un repréſente un Port
d'une Ville d'Italie, dont on découvre le
môle & une partie des maiſons ; le Soleil
qui ſe leve cherche à diſſiper les nuages
dont l'air eſt obſcurci, & qui commencent
à diſparoître dans les endroits où ſes
rayons percent ; ſur le premier plan ſont
huit Pêcheurs près deſquels deux Femmes
viennent acheter du poiſſon ; plus loin, au
bas d'un rocher, dont le ſommet eſt couvert d'arbres, trois Matelots cauſent avec
trois Femmes ; deux autres Matelots ſont
dans une barque : ſur un plan plus éloigné

cinq autres apprêtent à manger, tandis que leurs Compagnons, au nombre de dix, tirent à terre un bateau : on voit fur la mer, qui occupe la droite du tableau, plufieurs vaiffeaux, dont un a toutes fes voiles tendues : ce Tableau, qui eft la plus parfaite imitation de la nature, eft peint avec une magie inconcevable ; il eft un des plus beaux de cet habile Peintre.

Le pendant, peint en la même année, eft une Vue du même Port prife dans un autre afpect au coucher du Soleil : on y voit des Pêcheurs qui ferrent leurs filets, & différentes Perfonnes qui retournent à la Ville ; deux hommes, dont un jeune, font dans un bateau. Ces deux Tableaux font peints fur toile, & portent 36 p. de h. fur 49 de l.

577 Deux autres Tableaux en pendant. L'un repréfente une Tempête, dont on apperçoit toute l'horreur, & qui eft dépeinte avec la dernière vérité : l'autre un tems de brouillard fur une mer calme : plufieurs pêcheurs jettent des filets, & tendent des lignes pour prendre du poiffon : ces deux morceaux du plus grand effet & bien terminés, ont été, comme les précédens, peints en Italie. Ils font fur toile. H. 15 p. l. 23.

J. DE LA CROIX.

578 Deux Tableaux en pendant, repréfen-

tant l'un une Pêche fur la mer dans un tems calme, on voit un grand rocher qui forme l'entrée d'un port; on apperçoit des vaiffeaux mouillés fous le canon d'une tour, & la ville dans l'éloignement. De jolies figures d'hommes & femmes ornent ce Tableau. L'autre eft le Spectacle effrayant d'une tempête dans lequel on voit un vaiffeau du premier ordre qui vient fe brifer contre un rocher; des matelots tâchent de retirer une chaloupe qui a échoué; ces deux Tableaux, d'une belle touche, ont été peints à Rome en 1755. Toile. H. 17 p. & demi, l. 23.

280   579 Deux autres Tableaux en pendant. L'un repréfente un fite fauvage; à la droite eft une haute montagne fur laquelle eft conftruite une fortereffe; un pont fait avec des tiges d'arbres y conduit; il eft appuyé dans fon milieu à un rocher; une eau pure qui forme une rivière, paffe par-deffous: fur le devant, une femme affife au pied d'un grand arbre, parle à un Pêcheur; trois autres, placés fur la droite, & dans un bateau, s'occupent de la pêche. L'autre tableau repréfente une vue de la Cafcade de Tivoli, dont on voit fur une montagne le principal édifice; deux hommes s'amufent à pêcher dans l'eau réunie au bas de la Cafcade: plus loin, on voit des terreins inégaux que l'eau a ravagés, & une Ville au pied des montagnes. Ces deux

morceaux , dignes de la réputation de l'Artiste qui les a peints , ont été faits à Rome en 1754. Toile. H. 24, l. 18.

M. JEAURAT.

580 L'Intérieur d'un cabaret où font des Raccolleurs avec leurs Maîtresses , occupés à boire ; dans le fond , un Soldat fait entrer un Payfan qu'il a enrôlé ; un Bas-Officier aſſis fur un banc , regarde les filles de la maiſon qui font la cuiſine ; des pièces de volaille & de la viande font attachées au plancher. Ce tableau, d'une compoſition amuſante , a été gravé. Toile. H. 14 p. l. 16.   82

581 Un Berger cauſant avec une Bergere qui garde des moutons ; Tableau d'un joli ton de couleur. Toile. H. 20 p. l. 15.   68 - 3

ROSE, de Marſeille.

582 Deux petits Payſages de forme ronde , dans des bordures quarrées ; dans chacun on voit fous divers afpects , une Bergere qui garde ſes troupeaux : ces deux jolis Tableaux font peints fur cuivre , & portent 4 pouces & demi de diametre.   48

EISEN le pere.

583 Deux Tableaux en pendant, repréſentant des jeux d'enfans : dans l'un une jeune Fille joue au volant avec un petit garçon ; trois autres petites filles afſiſes avec deux   192

garçons du même âge les regardent; une autre carefle fon chien : le fecond Tableau compofé de neuf figures, dont trois femmes, repréfente des enfans jouant à la boule : ces deux morceaux, d'une compofition aimable, font peints fur toile. H. 17 p. l. 14.

M. DE MACHY.

584 Un petit Tableau fur papier collé fur bois, repréfentant deux femmes qui dorment, & un jeune garçon mangeant des cerifes fur une pierre. H. 4 p. 3 lig. l. 6 p. 3 lignes.

NICOLAIS.

585 Une Prétreffe de Cérès offrant à la Déeffe les prémices des fruits de l'été ; elle eft vêtue d'une robe de lin : fa Suivante à genoux lui préfente un vafe rempli d'eau pour les libations : ce Tableau eft le morceau de réception de ce Peintre à l'Académie de S. Luc, & peut être gravé pour faire une fuite des Tableaux de M. Vien dans le même genre, qui l'ont été. Toile. H. 30 p. l. 24.

CASANOVE.

586 Deux Tableaux du plus beau ton de couleur & d'une touche fçavante. L'un repréfente un Départ pour la Chaffe, au Soleil levant ; l'autre le retour de la Chaffe.

au Soleil couchant. Dans le premier, une femme affife fur un cheval blanc, tenant un faucon fur fon poing, & accompagnée de plufieurs Cavaliers & Chaffeurs, dirige fon chemin vers un bacq pour traverfer une rivière qui arrofe le pied des montagnes; à la droite eft un grand arbre près lequel un Piqueur tient des chiens en leffe.

L'autre offre la Vue d'une Fontaine, dont la fource eft fous des Ruines d'Edifices. Une Compagnie de Chaffeurs y eft arrêtée pour faire la curée d'un cerf, & parmi eux font deux femmes, dont une eft encore à cheval : deux autres Chaffeurs donnent du cors pour rappeller les chiens. Ces deux Tableaux du premier ordre font peints fur toile. H. 33 p. & demi, l. 56 pouces.

M. DOYEN.

587 Une belle Efquiffe fur papier collé fur toile, repréfentant un Sujet tiré de l'Hiftoire ancienne. H. 16 p. & demi, l. 15 p. & demi. 12

LOUIS LA GRENÉE.

588 Un Payfage frais & agréable, dans lequel on voit une Nymphe endormie, & près d'elle un Berger dans un mouvement d'admiration; ces deux figures à mi-nues, font couvertes dans les autres parties d'étoffes bien drapées. Ce Tableau, d'un pin- 566

ceau admirable & d'une grande pureté de deſſin, fait honneur au talent ſupérieur de cet Artiſte; il vient d'etre gravé par J. Ch. le Vaſſeur, ſous le titre de l'occaſion favorable. Sur cuivre. H. 12 p. & demi, l. 15 p.

589 La Vierge tenant ſur elle l'Enfant Jéſus : elle a la tête couverte d'un voile gorge de pigeon ; ſa robe d'un jaune foncé eſt ſur un jupon azur ; elle eſt aſſiſe près d'un lit, dont le rideau eſt verd, & ſur lequel eſt placé un oreiller ; ce qu'on peut imaginer de plus aimable dans la figure ſe trouve réuni dans les têtes de la mere & de l'Enfant. Ce Tableau ſera toujours regardé comme un des plus beaux de cet Artiſte ; il eſt peint ſur bois. H. 8 p. l. 6.

M. LAGRENÉE le cadet.

73. 5   590 Hébé verſant du nectar dans la coupe de Jupiter qui eſt aſſis ſur un nuage, ſon aigle à ſes pieds ; belle Eſquiſſe terminée. Toile. H. 28 p. & demi, l. 39.

J. B. GREUZE.

800   591 Une ſuperbe Tête de femme ; elle eſt vue preſque de profil, ayant ſes cheveux bruns attachés avec un ruban bleu : de belles draperies violette & jaune lui couvrent les épaules & une partie de la gorge ; ce beau morceau eſt l'étude terminée de la Priere à l'Amour. Il eſt au deſſus de

tous

tous les éloges. Toile. H. 16 p. & demi,
l. 13 p. & demi.

592 Une autre Tête, aussi parfaite que la
précédente ; elle représente une jeune &
belle femme, dont les yeux élevés & la
figure expriment les sentimens qui l'animent. Ce Tableau vient du Cabinet de
M. Randon de Boisset. Sur toile. H. 17
p. l. 13. *Vendue avec un pendant 2799.19*

593 Une jolie femme, vue presque à mi-   *760*
corps, ayant un habit d'Amazone de couleur verte, brodé en or, sur une chemise
ayant un collet de dentelles : elle a ses
cheveux réunis dans un petit bonnet lilas
en forme de toque. Ce tableau admirable
dans les teintes, rend pour ainsi dire le
mouvement du sang dans les veines ; il
vient du Cabinet de Madame du Barry.
Toile. H. 14 p. & demi, l. 12. *500*

HONORÉ FRAGONARD.

594 Huit jeunes femmes dans le bain, se
jouant parmi les roseaux : l'une d'elles,
supportée par les autres, cueille des fruits
à un arbre dont les branches tombent
presque sur elle. Cette ingénieuse composition pleine de feu, & d'un beau coloris,
est peinte sur toile. H. 24, l. 30.

595 Un Géolier ouvrant la porte d'une   *60*
prison : très belle Esquisse terminée. Toile. H. 36 p. l. 30. *80 Vente de Dulac*
faitte le 30 9bre 1778   L

24

596 Une tête de Vieillard, peinte dans la manière de Rembrandt. Toile. H.

J. B. LE PRINCE.

597 La Vue d'une belle campagne arrofée d'une rivière, fur les bords de laquelle eft une métairie. Sur le devant du Tableau, eft une barque conduite par deux Bateliers; un Paffager fe difpofe à y entrer avec un âne qu'il conduit; un Paylan affis jette des pierres dans l'eau pour les faire rapporter à fon chien. Ce Tableau, d'un ton argentin, eft touché avec un goût admirable; il a été vu avec plaifir au dernier Sallon. Bois. H. 11 p. l. 13.

J. B. HUET.

598 Deux Tableaux en pendant. L'un repréfente un pont de bois conftruit fur un torrent au bord duquel font deux femmes; l'autre préfente l'entrée d'une forêt près de laquelle un Berger garde une Vache & un troupeau de Moutons. Bois. H. 7 p. l. 9.

P. J. LOUTHERBOURG.

599 Un Payfage pittorefque, dont le milieu eft occupé par une grande maffe de rochers bordés d'une rivière; fur le devant eft une prairie où font deux bœufs & des moutons fous la garde d'un Pâtre qui parle à une Femme affife fur un âne; un peu

plus loin eſt un Berger aſſis près de ſon chien, & jouant du chalumeau; un coloris brillant, une touche ferme & précieuſe, & le mérite d'une heureuſe compoſition, ſe trouvent réunis dans ce Tableau, qui eſt un des plus beaux de ce Peintre, & ſur lequel il a été agréé à l'Académie Royale de Peinture : il eſt ſur toile. H. 42 p. l. 71.

600 Un Parti de Cavalerie pourſuivant un détachement de Huſſards qui ſe retirent dans une forêt. Ce Tableau eſt peint avec tout le feu poſſible, & approche ce qu'on connoît de plus beau en ce genre de peinture; il eſt peint ſur toile. H. 39 p. l. 63.   64,

601 La Vue d'une forêt contigue à une maiſon de Payſan devant laquelle paſſe un ruiſſeau; une femme accompagnée d'un jeune garçon va remplir ſes ſeaux dans cette eau ; un autre homme ſort de la maiſon, précédé de ſon chien, tandis qu'un ſecond chargé d'une hotte, y rentre. Ce tableau peint ſur toile en 1762, porte 33 p. de h. ſur 30 de l.   102-1

B R I A R D.

602 Vénus accompagnée des Grâces, deſcendant du ciel pour ſecourir Adonis bleſſé par un Sanglier. Ce Tableau, d'une bonne couleur & d'une compoſition agréable, fait honneur à la mémoire de cet Artiſte. Toile. H. 48. l. 36.   201

L ij

94-19 603 Un Tableau très fini, qui paroît avoir été exécuté en petit pour être ensuite répété en forme de plafond. Il repréſente l'Aurore qui chaſſe la Nuit ; elle eſt ſur un nuage, portée par les Zéphyrs, & la Nuit eſt éclairée par les flambeaux que deux Amours tiennent. Toile. H. 12 p. l. 17.

164 604 Deux Tableaux en pendant. Dans l'un on voit Endimion couché & endormi ſur un rocher ; Diane deſcend ſur un nuage, accompagnée de deux Amours. L'autre repréſente Amphytrite aſſiſe ſur un dauphin au milieu des flots, à qui des Tritons amenent le char & les chevaux de Neptune ; les Amours préſentent à la Déeſſe des guirlandes de fleurs. Ces deux tableaux ſont d'une compoſition gracieuſe ; la couleur en eſt bonne, & tient beaucoup à la palette de Boucher : le Peintre paroît les avoir compoſés, pour repréſenter avec les deux ſuivans les quatre Elémens : ils ſont ſur toile. H. 11 p. & demi, l. 14 p. & demi.

270 605 Deux autres Tableaux en pendant ; l'un repréſente Cybele dans ſon char traînée par des lions, à qui des Amours préſentent des fruits : il déſigne la Terre. L'autre préſente Vénus ſous la forme d'une jeune fille environnée des Grâces, qui ſont du même âge, & portées comme elle ſur un nuage ; elle commande des armes à l'Amour, qui tient un marteau ; il eſt aſſis

près d'une enclume ; un effaim d'autres
Amours font occupés à forger fous un rocher : celui-ci défigne le Feu. Ces deux
agréables Tableaux font dans le coloris de
le Moine, que l'Auteur a cherché à imi-
ter. Toile. H. 11 p. & demi, l. 14 p. &
demi.

606 Deux Payfages repréfentant des fabri-   80. 2
ques, arbres & rivières ; ils font ornés de
figures. Toile. H. 35 p. l. 30.

HUBERT ROBERT.

607 La Vue d'un Pont, dont une arche
ruinée eft réparée avec des pièces de bois
chargées de planches d'où pendent des filets ; il domine fur une belle campagne, à
la droite de laquelle eft une montagne occupée par un ancien château : au bas font
des Blanchiffeufes : fur le devant un Pâtre
affis avec fa Femme & fon Enfant garde
un troupeau de moutons : trois Pêcheurs
font dans un bateau. La perfpective admirablement obfervée, une riche compofition & un beau ton de couleur, rendent
ce Tableau très-précieux : il eft peint fur
toile. H. 14 p. & demi, l. 19 p. & demi.

608 L'Efcalier de la Cave du Château du   140. 1
Caprarole ; ce Tableau d'un effet frappant
vient du Cabinet de M. Randon de Boiffet. Bois. 12 p. de diametre. 152

609 Une Vue de la Cafcade de Tivoli à   90. 1
travers deux rochers ; une Femme & deux

Hommes sont au bas: ce Tableau, peint en Italie, est sur toile. H. 27 p. & demi, l. 23.

36 610 Une Esquisse de la coupe du Parc de Versailles, dont on voit le Château dans l'éloignement. Sur toile. H. 24 p. l. 36.

PILLEMENT.

250. 1 611 La Vue d'un Rocher stérile qui domine sur la mer, où l'on voit plusieurs vaisseaux : deux Pêcheurs assis, & une Femme debout, sont sur le devant; d'autres figures s'apperçoivent dans le lointain. Ce Tableau bien coloré & d'un bel effet est sur toile. H. 20 p. l. 16 p. & demi.

LANTARA.

48 612 La Vue d'une Campagne où l'on voit une Hôtellerie, & plus loin un Village, par un clair de Lune. Ce Tableau est orné de figures peintes par Carême. Toile. H. 12 p. l. 15.

SAINT QUENTIN.

31. 8 613 Diane & Endimion assis dans un fond de Paysage. Ce tableau, entièrement dans la manière de Carle Vanloo, est sur toile. H. 14 p. l. 18.

M. VILLE fils.

63. 614 Une jeune femme en manteau de lit de mousseline, coëffée avec des plumes

noires & blanches, lifant une lettre. Elle
eſt aſſiſe dans un fauteuil de damas verd,
& appuyée fur une table couverte d'un
tapis de Turquie, fur lequel elle a mis fon
mouchoir & une tabatière d'or. Ce tableau
dont le principal effet eſt dans la teinte,
eſt d'une compoſition gracieuſe : il a été
expoſé au dernier Sallon. Toile. H. 30,
l. 24.

J. H O U E L.

615 Un Payſage fur le devant duquel eſt
un grand arbre placé fur le bord d'un
ruiſſeau ; deux Voyageurs font fur un chemin. Toile. H. 18 p. l. 24.

J U L I A R T.

616 Un joli Payſage, dont la vue eſt très-
étendue ; il repréſente à droite un bois
touffu, & à gauche la Caſcade de Tivoli
& le Temple de la Sibylle ; une rivière qui
traverſe le Tableau vient fe rendre fur le
devant ; on voit quatre femmes qui s'y
baignent. Toile. H. 7 p. & demi, l. 13.

C O T I B E R T.

617 Un Faune préſentant une grappe de
raiſin à une Bacchante à demi-nue. Bois.
de forme ronde. 5 p. de diamètre.

M. M A R T I N.

618 Deux Tableaux en pendant ; repréfen-

tant l'un une jeune femme affife, & coëffée en cheveux ; elle eft vetue d'un manteau de lit de fatin fur un jupon bleu :
l'autre une Ouvrière ajuftée d'un corfet
rouge fur un jupon couleur fouci. Bois.
H. 8 p. l. 6.

81   619 Deux autres, repréfentant deux jeunes
femmes affifes devant une table, dont l'une
lit & l'autre arrange un bouquet de fleurs.
Bois. H. 8 p. l. 6.

M. Théolon.

620 Deux Tableaux en pendant, où le fentiment eft bien exprimé, & dont le coloris eft beau. L'un repréfente une Nymphe
jouant de deux chalumeaux, & affife au
pied d'un arbre, fur les genoux de fon
Amant qui la couronne. Le fecond un Berger affis près d'un arbre, & jouant de la
flûte ; fa Bergere affife à côté de lui, a
près d'elle un tambour de bafque. Bois. H.
8 p. & demi, l. 7 p. & demi.

35   621 Le Portrait de la Mere de l'Artifte,
ayant fes cheveux blancs retenus par un
ruban bleu, & les épaules couvertes d'un
manteau noir. Ce tableau peint avec vigueur fur bois, porte 9 p. l. 7.

622 Deux Intérieurs de Chambre de Payfan.
Dans l'une, une femme donne à manger à
fon enfant, & dans l'autre une femme fait
bouillir la marmite fur le feu. Des légumes & divers uftenfiles de ménage, ornent

ce tableau. Bois. H. 8 p. & demi, l. 6 p.
& demi.

623 Un joli Payſage avec des Ruines d'édifices, & la Vue d'une rivière ; des femmes
étendent du linge qu'elles viennent de laver. Toile. H. 10 p. l. 14 p. & demi.

S A R R A S I N.

624 Deux Tableaux en pendant. L'un offre
la Vue d'une Campagne dans un tems d'o-
rage ; on y voit une chaumière appuyée
contre une tour ruinée, & ſur le devant
un Berger qui ramene ſon troupeau : l'autre, dont l'effet eſt celui d'une fraîche
matinée, repréſente dans un beau fond de
Payſage, un Pont de pierre, ſur lequel un
jeune garçon fait paſſer deux vaches. Ces
deux tableaux, d'une couleur tranſparen-
te & compoſés avec goût, viennent de la
Collection de M. Blondel de Gagny. Bois.
H. 5 p. & demi, l. 8 p. & demi. ✝

625 Deux Payſages avec des Vues de la Mer, _73_
l'une au Soleil couchant, l'autre au clair de
la Lune. Bois. H. 7 p. & demi, l. 11 p.
& demi.

N O R B L I N.

625 *bis.* Un Choc de Cavalerie, très-chaude-
ment rendu. Toile. H. 5 p. & demi, l. 9
p. & demi.

R O É S E R.

626 Un Payſage très - vaporeux, & dont _40 . 1_

l'effet eſt bien rendu ; à la droite , eſt un grand Lac , & à la gauche ſont des arbres au bas deſquels une Bergere qui garde ſon troupeau , parle à un Pêcheur. Toile. H. 15 p. l. 15.

CHATELET..

240. | 627 Deux différentes Vues des montagnes de la Suiſſe. Dans l'une , eſt un pont au bas des montagnes , où pluſieurs perſonnes conduiſent des animaux ; dans le ſecond , d'autres perſonnes examinent l'effet d'une chûte d'eau qui tombe des montagnes. Ces deux Tableaux faits d'après nature , ſont d'une couleur agréable , & d'une bonne touche. Toile. H. 18 p. l. 22.

ECHARD.

90   628 Une Vue de la Mer , au bord de laquelle ſont des Pêcheurs qui arrangent le poiſſon qu'ils ont pris. Bois. H. 6 p. l. 8.

629 La Vue d'une Cabane de Pêcheurs ſur le bord de la Mer ; des hommes & femmes s'occupent à ſéparer les différentes eſpeces de Poiſſon. Bois. H. 6 p. l. 7 p. & demi.

CAMUS.

60.   630 La Vue d'une Campagne étendue ; à la gauche , ſont des rochers couverts d'arbres ; ſur l'un on voit les reſtes d'une ancienne tour ; de l'autre côté , on apper-

çoit deux Voyageurs affis fur le bord d'un chemin. Ce Tableau, qui a du mérite, a été peint d'après nature. Toile. H. 27 p. l. 34.

631 Un Payfage, où l'on voit une fontaine près de laquelle un Vieiflard s'entretient avec une jeune femme; un cheval blanc, couvert d'un bâts, mange de l'avoine dans un panier. Bois. H. 9 p. l. 10.

632 L'Intérieur d'une chambre dans laquelle trois Vieillards font affis près d'une table; l'un d'eux, vu par le dos, tient un verre de vin : fur le fecond plan, un garçon & une Servante apportent chacun un plat. Bois. H. 7 p. l. 4 & demi.

De Marnes.

633 Une Vue d'après nature, prife dans le bois de Boulogne : un Pâtre couché près d'une mare d'eau, garde un troupeau de bœufs. Ce Tableau dont l'effet eft bien fenti, eft peint fur toile. H. 22 p. l. 27.

634 Un Tableau, de forme ronde, fur toile, repréfentant un Combat de Cavalerie; il eft peint avec beaucoup de feu, & porte 14 p. de diamètre.

635 Deux Tableaux en pendant, de forme ovale, repréfentant des Combats de Cavalerie, peints avec chaleur & d'un bon effet, par Norblin, l'autre par de Marnes. Toile. H. 10 p. l. 12.

Bucour.

636 L'Intérieur d'une Chambre de Payſan, dans laquelle douze perſonnes, hommes & femmes, ſont autour d'une table, les uns occupés à boire, les autres à chanter; une porte ouverte donne la vue de la campagne. Bois. H. 6 p. l. 5 p. & demi.

TABLEAUX

DE DIFFÉRENTES ECOLES.

637 Un très-ancien Tableau repréſentant des Bâtimens & une Baſſe cour remplie de volaille; Abraham, qu'on voit ſur le ſeuil de ſa porte, renvoie Agar & Iſmaël. Le fond forme un Payſage. Bois. H. 31 p. l. 20.

638 Un ancien Tableau, repréſentant deux figures groteſques, l'une d'une homme pinçant de la guitarre, l'autre d'une femme jouant du violon. Bois. H. 10 p. l. 7.

639 Une belle Copie d'une Sainte Famille, d'après Raphaël. Cuivre. H. 8 p. l. 6.

640 La Vierge vêtue d'un corſet rouge, & tenant l'Enfant Jéſus: ce Tableau, attribué à Sébaſtien del Piombo, eſt peint ſur cuivre. H. 18 p. l. 14.

641 Une Etude en griſaille par Sébaſtien Bourdon, d'après les Friſes de Jules Ro-

main peintes à fresque. Toile. H. 18 p.
l. 21.

642 Deux Tableaux ovales sur cuivre, re-   15. 19
préfentant les Têtes de Jéfus & de la
Vierge, dans la manière d'André Solario.
H. 18 p. l. 13.

643 Jupiter vifitant Sémélé dans l'appareil   72
de fa gloire; belle copie d'après le Titien.
Toile. H. 45 p. l. 64.

644 Une belle Copie de la Baigneufe, d'a-   33
près le même. Toile. H. 36, l. 28.

645 Deux Têtes de Peintres; l'une eft celle   9
du Vafari; l'autre inconnue eft par le Titien. Toile. H. 13, l. 10.

646 Le Bufte d'une belle Femme vue pref-   12
que de face, coeffée en cheveux, & ajuftée fuivant le coftume du tems, par un
Difciple du Titien, & dans fon Ecole.
Toile. H. 22 p. l. 16.

647 Une Copie de l'Adoration des Rois,
d'après Paul Véronefe. Toile. H. 24, l. 16.

648 Des Amours verfant des raifins dans   14
un cuvier. Bois. H. 14 p. l. 18.

649 Jéfus-Chrift célébrant la Pàque avec   19
fes Difciples: ce Tableau, fait dans l'E-
cole du Tintoret, eft fur bois. H. 18,
l. 24.

650 La Madeleine pénitente, Tableau d'un   21. 19
bon coloris, par un Peintre ancien qui
avoit du mérite. Bois. H. 22, l. 20.

651 Un autre Tableau repréfentant une   6. 1

Madeleine dans le genie du Guide. Toile.
H. 22 p. l. 27.

25 652 Un Tableau dans la maniere des grands
Maîtres, repréfentant une Vierge Martyre
étendue prefque nue fur un chevalet; ce
Tableau eft d'une grande correction de
deffin. Toile. H. 36, l. 48.

8 . 1 653 La Vierge repréfentéè mi-corps, tenant l'Enfant Jéfus dans fes bras. Cuivre.
H. 9 p. & demi, l. 7.

45 654 La Defcente du Saint Efprit fur les
Apôtres affemblés dans le Cénacle, par
un bon Peintre Italien. Toile. H. 19,
l. 12.

655 Un Tableau fur bois, d'une belle compofition, repréfentant Vénus & Adonis
dans un fond de payfage; il tient à la
manière du Corrége. H. 24 p. l. 17.

18 . 10 656 Un Bal Vénitien; on y remarque
beaucoup de fineffe dans les Têtes de femme. Toile. H. 26 p. l. 33.

7 . 19 657 Une Bohémienne qui dit la bonne
aventure à une femme, par le Manfridi.
Toile. H. 36 p. l. 48.

7 . 12 658 Un Payfage, dans lequel coule une rivière à travers des montagnes; dans le
genre du Bolognefe. Cuivre. H. 5 p. &
demi, l. 8 p. & demi.

12 . 4 659 Un Tableau par un Peintre Italien, repréfentant Pan & Syrinck. Toile. H. 18,
l. 14.

660 Le Bufte d'une jeune fille coeffée en

cheveux, où font placés deux rangs de perle; ce Tableau original eft de l'École de Pierre de Cortonne. Toile. H. 10 p. & demi, l. 8 p. & demi.

661 Une Etude terminée de deux Têtes de femmes agréablement peintes par Batoni. Toile. H. 6 p. & demi, l. 8 p.

662 Deux Vues des Alpes dans un tems de neige; on y voit des Chutes d'eau : ces deux Tableaux font peints d'après nature par Fofqui.

663 Deux belles Copies d'après les Tableaux de la Galerie du Luxembourg peints par Rubens, dont l'une repréfente l'Accouchement de la Reine. Toile. H. 72, l. 48.

664 Un Tableau peint dans la même Ecole, repréfentant Renaud entre les bras d'Armide qui eft environnée de plufieurs Amours qui lui préfentent des ornemens pour fa parure. Il eft dans une bordure par Maurifent. Toile. H. 48 p. l. 60.

665 L'Efquiffe d'une Sufanne au bain, original de l'Ecole de Rubens. Bois. H. 23 p. l. 18.

666 S. Jofeph travaillant du métier de Charpentier; l'Enfant Jéfus & un Ange l'aident à l'ouvrage; la Vierge eft occupée à laver du linge dans une fontaine. Ce Tableau, peint en grifaille par Quelinus, a été gravé par A. Bloemaert. Toile. H. 12 p. l. 15.

18. 2 667 La Vierge tenant l'Enfant Jésus que des Anges adorent ; elle a à côté d'elle Sainte Barbe & Sainte Catherine. Ce Tableau peint par Corneliz est sur bois. H. 27 p. l. 38.

36. 1 668 Une belle copie faite par Vanibale, d'après van Dyck, du Tableau de la Vierge, connu & gravé sous le titre de la Vierge aux Anges. Bois. H. 28 p. l. 38.

19. 2 669 Une Chûte d'eau à travers des rochers formant une cascade, par Mathieu Bril ; sur le devant sont des Bergers avec leurs troupeaux. Bois. H. 21 p. l. 25.

19. 2 670 La Vue d'un Hermitage pratiqué sous des ruines d'édifices, dans lequel est un Solitaire en méditation : on découvre la mer au delà. Cuivre, par le même. H. 9 p. l. 12.

4 1 671 Deux jolis Tableaux en pendant ; l'un représente un canal glacé sur lequel sont des gens qui patinent ; l'autre un Paysage frais arrosé d'un canal ; on y voit un chemin où passe une femme dans une charette attelée d'un cheval blanc, & accompagnée de deux paysans : ces deux morceaux par Breughel sont peints sur bois. H. 5 p. & demi, l. 7 p. & demi.

10. 1 672 Un Embrasement par Breughel d'Enfer. Bois. H. 14 p. l. 18.

6. 5 673 Un Paysage dans le genre de Paul Bril, où est placé un S. Jérôme très-bien peint

ayant

ayant ſa main appuyée ſur un lion, Bois.
H. 6 p. l. 4 p. & demi.

674 L'Adoration des Rois, par François 27
Franck. Sur cuivre. H. 13 p. l. 10.

675 L'Intérieur de la Cour d'une maiſon 41. 4
de Payſan, où l'on voit quinze perſonnes
parmi leſquelles trois jouent à la boule; à
la gauche une femme tire de l'eau d'un
puits. Ce Tableau, dans le genre de Teniers, eſt peint ſur toile. H. 21 p. l. 31.

676 Une bonne copie d'après David Te- 30
niers, repréſentant des Hommes qui
comptent leur argent en fumant. Toile. H.
16 p. l. 21.

677 Une Vue d'Amérique par Monper; on
y voit un Colon ſur un cheval blanc, accompagné de Negres & Négreſſes. Toile.
H. 19 p. l. 31.

678 Un Payſage orné de ruines, où l'on
voit les Pélerins d'Emaüs; Tableau peint
ſur cuivre dans la maniere de Bréenberg.
H. 9 p. l. 12.

679 Un Tableau dans le genre du même 19
Maître, repréſentant des rochers où ſont
des arbres; ſur le devant eſt un terrein
creux où un Berger conduit un troupeau.
Bois. H. 7 p. l. 8 p. & demi.

680 Un Tableau par le Mont, repréſentant 30. 10
un Choc de Cavalerie dans une plaine.
Bois. H. 14 p. l. 21.

681 Médor gravant ſur un arbre le nom 43. 19
d'Angélique aſſiſe ſur lui; près d'eux l'A-

mour tient fon flambeau: au-delà eft une grande ville féparée de la campagne par une rivière. Ce Tableau original d'un bon Maître Flamand eft peint fur cuivre. H. 13 p. & demi , l. 10.

682 Venus & Adonis dans un fond de payfage , par vander Kabel. Cuivre, de forme ronde. 7 p. & demi de diametre.

683 Une Vue de la mer chargée de vaiffeaux , par Zéeman. Toile. H. 18 p. l. 24.

684 Un Payfage avec figures & animaux , peint fur bois par Collaert. H. 21 p. l. 16.

685 Un Payfage dans le genre de Ruifdael, à la gauche duquel paffe une rivière. Toile. H. 24 , l. 30.

686 Une Efquiffe peinte à huile en grifaille par Palamede : elle eft fur papier , & montée fous verre.

687 Un Ecuyer conduifant deux chevaux : près de lui font des ruines d'édifices : par van Bloom. Toile. H. 18 p. l. 24.

688 Un Bouquet de différentes fleurs attachées enfemble avec un ruban bleu : par Verendael. Toile. H. 21 p. l. 16.

689 Une Table couverte d'un tapis où font pofés des vafes précieux : ce Tableau, peint par un bon Maître Hollandois, eft fait avec art. Toile. H. 32 p. l. 25.

690 Deux Payfages & Vues de rivière, l'un au lever, l'autre au coucher du Soleil, par Chutz. Toile. H. 14 , l. 20.

691 Un Payfage avec la Vue d'une chau-

mière, par van Goyen. Bois. H. 16 p. l.
18.

692 La Vue d'un Parc entouré de murs, &   21 - 3
dont les arbres s'élevent fort haut : fur le
devant eft une belle fontaine au bord d'un
chemin : un cavalier s'y arrête pour faire
boire fon cheval : fur un plan éloigné,
des Payfans conduifent un troupeau de
moutons. Ce Tableau, peint par Moucheron, eft d'une bonne couleur, & les
figures en font dans le genre de Berghem.
Toile. H. 27, l. 22.

693 Un Payfage peint fur bois par Decker.   09.09
H. 13 p. l. 23.

694 Deux Vaches & trois Chevres dans un   23.19
fond de payfage. Cuivre, genre de P. Potter. H. 9 p. l. 13.

695 Une fuperbe & ancienne copie d'après   240
le Tableau de Berghem, dont l'original
étoit dans le Cabinet de M. le Duc de
Choifeul : elle eft faite par un de fes
meilleurs Difciples, de manière à faire illufion. Bois. H. 16 p. l. 21.

696 Un joli Payfage avec des ruines d'édi-   27. 1
fices, & enrichi de figures par Holfbort.
Bois. H. 10 p. l. 8.

697 Un Repas de Villageois dans l'Intérieur   26
d'une Chambre, par J. B. Carré. Bois. H.
10 p. l. 13.

698 Une Femme lavant fes jambes dans   51
l'eau d'une fontaine près de la ftatue du
Dieu Pan, entourée de débris de vafes

& de bas-reliefs ; ce Tableau, d'un très-
bel effet, est par un Peintre Flamand.
Toile. H. 18, l. 25.

699 Un Paysage très-agréable orné d'arbres & de beaux lointains, par Kiérings ;
on y voit huit figures peintes par van
Mol, dont un Berger qui contemple des
Nymphes endormies. Bois. H. 21 p. l.
31.

700 Un Tableau sur toile par un bon Peintre de l'Ecole Flamande, représentant une
Villageoise qui lave ses jambes dans un
ruisseau, & qui garde un troupeau de Vaches. Toile. H. 24 p. l. 21 p. & demi.

701 Un Combat de Cavalerie, peint par
Manchoul ; on apperçoit une ville dans
l'éloignement. Bois. H. 9 p. l. 13.

702 Une Vue de Hollande près du bord
de la mer. Toile. H. 9 p. l. 12.

703 La Vue d'un Côteau baigné par l'eau de
la Mer, qui est couverte de Navires, par
Gréevenbrock. Bois. H. 15 p. l. 7.

704 Un Tableau, par Jean Miel, représentant une Cuisinière près d'une table,
mettant un foie de veau dans un plat ;
trois autres figures se voyent dans l'éloignement. Toile. H. 8 p. l. 10.

705 Un Château en Hollande, bâti en briques, vu du côté des Jardins, avec la
campagne des Environs. Toile. H. 13 p.
l. 23.

706 Une copie bien faite, d'après Philippe

Wouvermans, repréſentant une Halte de
Cavaliers. Toile. H. 17, l. 16.

707 Un Payſage par Baudwins, avec des figures par Both. Bois. H. 7 p. l. 9.

708 L'Intérieur d'une Cuiſine, où l'on voit
des tables, de la poterie, & beaucoup de
légumes, par Calf. Carton. H. 10 p. l. 9.

709 La Vue d'une Métairie ſituée près d'un
pont, & au bas d'une montagne ſur laquelle eſt un Château; elle eſt entourée
de grands arbres; ſur le devant de ce
Tableau peint dans le genre de vander
Heyden, ſont des hommes & des animaux.
Bois. H. 6 p. & demi, l. 9.

710 Deux Payſages & Vues de Rivière, par
un Peintre Hollandois. Bois. H. 17 po.
l. 24.

711 Un Tableau très-bien peint, dans le
genre de Pierre Néefs, repréſentant le
Temple de Jéruſalem d'où Notre-Seigneur
chaſſe les Vendeurs. Bois. H. 19 p. l. 30.

712 Un Tableau peint avec une grande vérité, par un Artiſte Flamand qui y a mis
ſon nom. Il repréſente une table ſur laquelle eſt un morceau de fromage qu'une
ſouris mange; plus loin eſt un grand pot
de terre verniſſée. Bois. H. 11 p. l. 6 &
demi.

713 Un Tableau qui paroît être peint par
Callot; il repréſente une campagne où ſont
diverſes perſonnes parmi leſquelles on diſ-
tingue une Dame vêtue d'un corſet bleu,

parlant à un Officier; plufieurs Mendians dont un Vieillard jouant de la vielle, font autour d'eux. Toile. H. 18 p. l. 24.

714 Le Portrait d'un jeune homme vu à mi-corps, ayant une dentelle autour du col. Ce morceau eft d'un grand fini, & a été gravé par Nanteuil. Il eft fur cuivre, de forme ovale. H. 7 p. l. 6.

715 Une Fuite en Egypte, dans un joli fond de Payfage, dans le genre de la Hire. Toile. H. 20 p. l. 32.

716 Une bonne copie de la Famille de Darius, d'après le Brun. Toile. H. 24 po. l. 18.

717 Un Tableau, d'une belle touche, re-préfentant Agar & Ifmaël dans le défert, par Mademoifelle Boulogne. Toile. H. 30 p. l. 24.

718 Le Bufte d'une jeune femme vêtue de bleu, ayant le fein découvert, & la tête couronnée de fleurs, agréablement peint par Vignon; de forme ovale. Toile. H. 25 p. l. 19.

719 Porcie tenant un charbon ardent entre fes doigts, pour preuve de fa virginité, par Vignon. Toile. H. 28, l. 23.

720 Moyfe fauvé des eaux; compofition de huit figures bien colorée, par Marot. Toile. H. 24 p. l. 20.

721 Deux Tableaux en pendant des premiers tems de Watteau; l'une repréfente une jeune fille lavant fes jambes dans une

fontaine ; l'autre de jeunes perfonnes affifes à l'entrée d'un bois. Toile. H. 12 p.
l. 14.

722 Deux très-petits Tableaux, de forme   4   9
ovale, par Patel ; l'un repréfente les rui-   3
nes d'un ancien Palais ; l'autre un Fort
bâti fur .le bord de la mer ; ils font ornés
de figures. Bois. H. 2 p. 3 lignes, l. 2 p.
9 lig.

723 Un très-bon Tableau original dans   37. 5
le genre du Nain, repréfentant une
vieille femme tenant un chapelet dans fes
mains ; elle eft accompagnée de deux enfans. Toile. H. 38 p. l. 27.

724 Un joli Payfage touché avec goût par
Oudry ; on y voit une rivière & deux figures. Bois. H. 4 p. & demi, l. 6 p.

725 L'Efquiffe par François le Moine, de
la groffeffe de Califto. Une partie des figures font avancées, & l'autre n'eft que
deffinée. Toile. H. 26 p. l. 33 po. & demi.

726 Deux Payfages ornés de figures & de   43   19
fabriques, avec des Vues de rivière, par
Allegrin. Toile. 14 p, l. 21.

727 Un Payfage largement peint par Cha-   15   12
vanne. Toile. H. 10 p. l. 16.

728 Une grifaille par François Boucher,   12
dans le genre d'Oudry, repréfentant un
chien qui pourfuit des oies. Toile. H. 8
p. l. 13.

729 Un Sujet paftoral, d'après Boucher ;   40

copié avec intelligence, par Métay. Toile. H. 32 p. l. 42.

730 Une Vierge, d'un ton de couleur agréable; l'Enfant Jéſus eſt endormi ſur ſes genoux. Ce Tableau peint par un habile Eleve de Carle Vanloo, eſt entièrement dans ſon genre. Toile. H. 30 p. l. 24.

24 731 Une belle copie, d'après Corneille Polembourg, par le Clerc; on y voit des femmes & des ruines d'édifices. Bois. H. 8 p. l. 10.

16 732 L'Eſquiſſe terminée d'une Nativité par Belard. Toile. H. 16 p. l. 13.

8 733 Une charmante copie par le même de la Famille Ruſſe, d'après M. le Prince. Toile. H. 27 p. l. 22.

734 Une copie bien faite, d'après M. Caſauove, repréſentant un Berger qui conduit des brebis & un âne. Toile. H. 11 p. l. 14.

735 Deux Payſages en pendant: l'un, de l'Ecole Flamande, repréſente un Hiver; l'autre, par Franchiſqu, eſt orné de fabriques & de figures. Bois. H. 5 p. & demi l. 8 p.

27 18 736 Deux Payſages par un Artiſte moderne. Dans l'un, un Berger conduit ſon troupeau; dans l'autre, la figure principale eſt un homme qui pêche dans un étang. Bois. H. 12 p. & demi.

737 Un Payſage arroſé par une rivière; on

y. voit un homme qui joue avec son chien.
Toile. H. 24 p. l. 20.

738 Deux Paysages peints sur bois par un   27. 1
Peintre moderne : ils sont enrichis de fabriques , hommes & animaux. H. 8 p. l.
12.

739 Un autre Paysage, dans lequel on voit
une Ferme de l'autre côté d'une rivière,
& plusieurs figures sur le devant. Bois. H.
7 p. & demi, l. 10.

740 La Vue de deux différens Ports de   83
Mer , où l'on voit des bateaux & beaucoup de figures touchées avec beaucoup
de finesse & d'un très-bel effet. Bois. H.
4 p. l. 8.

741 Un Paysage où l'on remarque dans le   24 1.
milieu d'une forêt un chemin où sont plusieurs voyageurs. Toile. H. 9 p. l. 13.

742 Un Paysage à la gauche duquel sont
des fabriques ; il est coupé par une rivière
près laquelle sont deux hommes, dont un
pêche à la ligne. H. 6 p. l. 7.

743 Une Marine peinte sur bois par un   13
Peintre Flamand. H. 18 p. l. 23.

743 bis. Une Vue de la mer couverte de   47 . 19
vaisseaux, & éclairée par la Lune. Bois.
H. 18 p. & demi, l. 23 & demi.

744 La Tête d'un jeune homme coeffé d'un
bonnet rouge. Toile. H. 17 p. l. 13.

745 Un Paysage d'un beau faire ; on y   16 19
voit un S. Jérôme dans le désert, peint
très-correctement. Toile. H. 27 p. l. 33.

746 Un Payſage ſur bois, avec des eaux, des fabriques & des figures. H. 23 p. l. 19.

747 Pluſieurs autres Tableaux de différents Maitres, qui ſeront détaillés dans le courant de la Vente.

M I N I A T U R E S.

748 Deux jolis morceaux de forme ronde, précieuſement peints à l'huile : l'un repréſente S. Jérôme, & l'autre S. Grégoire. Ils ſont ſur bois, & portent 18 lignes de diametre.

749 Une ancienne Miniature, repréſentant l'Adoration des Bergers, dans ſa bordure de cuivre dorée.

750 Une ancienne Miniature, repréſentant l'Enfant Jéſus, la Vierge & S. Jean. Velin, dans ſa bordure de cuivre dorée.

751 Une Miniature pointillée & légèrement colorée, par Portail, repréſentant ſix perſonnes, hommes & femmes, réunies dans un ſallon, & formant un concert. Ce morceau, précieuſement terminé, eſt ſous verre.

752 Jupiter & Léda, jolie Miniature ſur vélin, dans le genre de Clinchetel.

753 Deux morceaux, d'une touche ſpirituelle, peints ſur vélin par Blaremberg :

& repréfentant la Vue de deux Ports de
mer ornés de quantité de petites figures.

754 Une Miniature, d'après François Bou-   9 . 4
cher, repréfentant deux Femmes affifes,
dont l'une préfente une colombe à l'autre.

755 Une Miniature fur ivoire, de forme
ronde, d'une grande beauté, par Taffart,
repréfentant Léda & Jupiter fous la forme
d'un Cygne.

756 Un joli Morceau, d'une étendue con-   72
fidérable, & de forme ronde, repréfentant un Berger affis fous un cerifier, qui
en préfente des cerifes à fa Bergere : ce
morceau, très-précieufement fini par M.
Charlier, vient de la Vente de M. le
Comte de Caylus.   89 . 2

757 Un Sujet de Paftorale où l'on voit deux   24
Enfans avec leurs troupeaux dans un fond
de payfage, par M. Charlier. Il eft dans
fa bordure de bronze doré.

EMAUX.

758 Deux jolis Buftes de femme peints en   52
émail, par M. Courtois. Ils font d'une
grande fraîcheur de couleur, & portent
chacun 23 lignes de haut, fur 18 de large.

759 Deux Fragmens de coupe émaillés, du
tems & d'après les Deffins de Jules Romain.

760 Quatre autres morceaux d'arabefques anciens, émaillés.

PASTELS MONTÉS.

15. 2 761 Un Vieillard vu à mi corps , ajufté d'une robe brune, & coeffé d'un grand bonnet dans l'ancien coftume ruffe, par Viger.

4 4 762 Un Rémouleur, & pour pendant une Joueufe de Vielle , par Chantereau.

2 4 763 Une belle Etude en paftel d'une Femme en déshabillé du matin, d'après Madame Greuze, par M. Greuze.

10 764 Un joli Paftel par M. Hall, repréfentant une jeune fille coeffée avec des linges blancs en façon de turban.

PEINTURES A GOUACHE ET AQUARELLE, MONTÉES SOUS VERRE.

50 5 765 Deux différentes Vues d'Italie ornées de Ruines d'anciens Edifices, & de jolies figures peintes précieufement à gouache, fur vélin, par Bartholomé Bréemberg: elles font collées fur des lames de cuivre.

42 766 La Chûte de Phaéton; joli morceau peint à gouache, fur vélin, par Mademoifelle Chéron , & d'une riche compofition , de forme ronde.

767 Deux Payſages peints ſur vélin, dans
l'un deſquels eſt un pont, & dans l'autre
une campagne avec des fabriques & figures, par Patel.

768 La Vue d'un ſuperbe jardin décoré de
ſtatues & de vaſes, & embelli par des fon-
taines & jets d'eau, par Marot.

769 Un Payſage touché avec beaucoup de
ſoin & très fini ; à la gauche, ſont une
chûte d'eau & des rochers au bas deſquels
eſt un Saint Jérôme, par un ancien Peintre.

770 La Vue de la grande allée des Tuile-
ries, d'où l'on découvre la ſtatue & une
partie de la Place de Louis XV. Ce morceau peint par M. Machy, eſt enrichi de
pluſieurs figures touchées avec eſprit. Il eſt
de forme ronde.

771 Deux Gouaches ſur vélin collé ſur bois,
repréſentant des hivers ; on y voit les maiſons couvertes de neige & des gens qui
patinent ſur la glace, par Blaremberg.

772 L'Intérieur d'une Chambre où l'on voit
une femme qui ſort du bain ; morceau
d'après Baudouin peint à gouache par M.
Hall ſur le ſimple trait d'une eau-forte légere, & terminé avec un grand ſoin.

773 Deux jolies Gouaches en pendant, dans
le genre d'Oſtade par M. Chalon, Directeur de l'Académie de Peinture à Reims ;
l'une repréſente la Boutique d'un Epicier
qui peſe des drogues qu'une femme lui a

demandées ; plufieurs enfans qui y font jouent enfemble : l'autre une chambre où eft une femme avec trois enfans. Ces deux morceaux d'un grand mérite, ont été gravés.

18   774 Un charmant Bofquet rempli d'arbres touffus, au milieu duquel eft un chemin ; un homme bien vêtu s'y jette aux pieds d'une Dame qui s'y promene ; fur le devant eft un ruiffeau ; le Payfage eft d'un Artifte diftingué, & les figures font de M. Huet.

16 6   775 La Cérémonie du Baptême d'une Cloche, faite à Rome, peinte à gouache d'après nature, par Barbier ; les figures en font reffemblantes.

48 19   776 Pigmalion furpris de voir fa ftatue s'animer ; derrière elle, eft un grand voile bleu orné d'une guirlande de rofes ; l'Amour s'éleve dans un nuage, tenant fon flambeau d'une main, & de l'autre une fleche : par le même.

20 2   777 Les Ruines d'un ancien Temple à Rome, peintes fur les lieux par M. Lagrenée le jeune, & ornées de figures. Ce morceau eft de forme ovale.

8   778 Une Etude largement peinte, par le même, repréfentant un grand arbre & la Vue d'un rocher fur lequel eft une chevre fauvage.

18   779 Une Vue du Bazar d'Athènes, conftruit derrière le grand Amphithéâtre dont on voit les Ruines.

80 La Vue d'une grande Ville, où conduit un Pont ; fur le devant font plufieurs
figures parmi lefquelles eft un homme vêtu de rouge, monté fur un cheval blanc.　7　4

81 Deux jolis Payfages, dont les Vues paroiffent prifes d'après nature, & dans lefquels on voit des rivières que des hommes & femmes, dont les figures font d'un
deffin correct, traverfent avec des troupeaux. Ces deux gouaches font peintes
par l'Allemand.　62

82 La Vue d'un Pont conftruit par les Romains dans les montagnes de la Suiffe,
fur lequel eft une ancienne ftatue : on
voit fur le devant plufieurs bœufs, dont
un eft dans l'eau ; un Berger qui les garde
& un Pêcheur font fur le même plan ; des
lointains de montagnes terminent l'horifon de cette belle gouache, peinte par
Wacher, & qui a été gravée.　50

83 Un joli Payfage, repréfentant un chemin entre deux côteaux, fur lequel font
des animaux avec leurs conducteurs, par
M. Pérignon.

84 Une Gouache bien colorée par M. Moreau, repréfentant une ancienne tour qua-
rée au bas de laquelle font quatre perfonnes : le fond eft un Payfage avec un
beau ciel.　6　19

85 Un Payfage de forme ovale, avec de
belles Ruines d'architecture, légerement　20

aquarellé par M. Boucher fils ; il eſt dans
une bordure quarrée.

786 Une Bacchante recevant le jus des
raiſins qu'un Satyre exprime dans une
coupe qu'elle tient dans ſa main droite ;
une autre reçoit les careſſes d'un Satyre
près la ſtatue de Priape. Ce morceau rehauſſé de paſtel, eſt par M. Calais.

787 Deux Deſſins capitaux aquarellés par
France de Liége : l'un repréſente l'intérieur d'une forge où ſont cinq hommes &
une femme tenant ſur ſes bras un enfant ;
l'autre eſt un intérieur de chambre de Payſans, dont trois cauſent enſemble ; un
Moine eſt près d'eux ; un autre eſt à côté
d'une femme qui travaille & qui cauſe avec
un homme aſſis près d'une table au bout
de laquelle eſt un Fumeur qui allume ſa
pipe.

788 Des Nymphes ſe baignans dans un fleuve, & ſurpriſes par un jeune Faune, par
M. Careme.

789 Deux Payſages, d'une touche ſpirituelle & bien coloriés, par M. Tonnay ;
dans l'un ſont pluſieurs Cavaliers arrêtés
près d'une chaumière pour faire rafraichir
leurs chevaux ; dans l'autre, trois jeunes
femmes montées ſur des ânes, ſont condui-
tes par un Payſan.

790 Deux Payſages, l'un de forme ovale,
dans une bordure quarrée, par M. Sarrazin ; l'autre par M. Roezer.

791 Deux Payſages bien touchés, & faits
pour aller en pendans, par M. Roëzer.
L'un eſt la Vue d'une Campagne arroſée
d'une rivière, ſur le bord de laquelle ſont
deux perſonnes : à la droite eſt une maſſe
d'arbres, de rochers, & une chûte d'eau :
il eſt fait au Soleil levant. L'autre peint
dans l'effet d'un Soleil couchant, eſt auſſi
orné de deux figures.

792 Deux différens Ports de Mer, peints
avec ſoin par le même.

793 Deux autres jolis Payſages en pendants
par le même. Dans l'un, un Berger conduit un bœuf & des moutons à une fontaine qui coule d'un rocher. Dans l'autre,
un Pâtre garde deux bœufs & deux chevres.

794 Une Gouache, par le même, où l'on
voit un torrent & un pont de bois.

795 Une autre, par le même, repréſentant
la Vue d'une rivière, & ſur le ſecond plan
l'entrée d'une forêt.

796 Une autre, par le même, repréſentant des chaumières entourées d'arbres &
de rochers, & ſituées ſur le bord d'un lac
où l'on voit des bateaux.

797 Une autre, par le même, ſur le devant
de laquelle eſt un homme couvert d'un manteau rouge & portant un bâton ſur ſon
épaule.

798 Deux autres en pendant, par le même,
ornées de figures. L'une repréſente la

campagne au Soleil levant, & l'autre l'effet d'un clair de Lune.

12. 19 799 Deux autres, en pendans, par le même. Dans l'une, eſt un Hameau près d'un Lac : un homme en deſcend, tenant un enfant par la main. L'autre repréſente deux Pêcheurs ſur le bord de la Mer.

800 Une Vue de Rivière, par le même : on y voit une femme & un homme qui pêchent.

801 Un joli Payſage par Moret : à la droite ſont des arbres auxquels eſt attachée une toile en forme de tente, ſous laquelle eſt une compagnie d'hommes & de femmes : une rivière ſe voit dans l'éloignement.

17. 9 802 Deux autres Payſages, par le même, où ſont des Vues de Rivières & d'un Pont de bois.

803 Trois autres petits Payſages, par le même.

804 Deux différentes Vues de Jardin, ornées de ſtatues, vaſes & caſcades : on y remarque pluſieurs figures touchées avec eſprit, par un Artiſte de mérite.

8 805 Deux Tableaux de Fleurs, peints à gouache.

DESSINS.

DESSINS ENCADRÉS.

806 Un très-ancien Deffin lavé à l'encre de   12 - 1
la Chine, repréfentant la Cour d'un Duc
de Bretagne à qui un Auteur préfente fon
ouvrage; les Portraits paroiffent d'une ref-
femblance frappante.

807 Un ancien Payfage, deffiné à la plu-   7 - 5
me avec beaucoup de foin dans le genre
du Gafpre.

808 Les Couches de Sainte Anne, Deffin   5 - 10
ancien au biftre fur papier blanc par un
Peintre de l'Ecole Vénitienne.

809 Un Payfage à la plume lavé d'encre de   12
la Chine, par Paul Bril.

810 L'Adoration des Bergers, très - beau   12 - 4
Deffin à la plume lavé au biftre, par J. B.
Gauli, dit le Bachique.

811 Une vieille Femme affife, vue prefque   8
de face, deffinée à la pierre noire fur papier bleu légerement rehauffé de blanc par
Corneille Béga.

812 Deux Deffins, à la pierre noire, fur   7 - 19
papier blanc, faits d'après des bas-reliefs
antiques par Euftache le Sueur.

813 Jupiter avec les Divinités de l'Olympe,   10 - 1
beau Deffin à la pierre noire fur papier
blanc, par Charles de la Foffe. Il vient

N ij

de la Collection de Monseigneur le Prince
de Conti. 607

814 Deux Deſſins à la plume : l'un par la
Fage, repréſente Saint Jérôme mourant
ſoutenu par un Ange : l'autre par la Rue,
eſt le Crucifiement de Saint Pierre.

815 Un Payſage d'une grande compoſition
& bien terminé, dans lequel on apperçoit
les veſtiges d'anciens édifices : il eſt deſ-
ſiné à la mine de plomb par Moucheron.

816 La Vue d'un beau monument d'architecture enrichie de figures hardiment touchées dans le genre de Panini.

817 Deux belles Etudes de Têtes, par Carle
Vanloo ; elles ſont largement touchées à
la pierre noire, mêlée de ſanguine eſtom-
pée, ſur papier blanc.

818 Une académie de femme, Etude pour
une Nayade, ſur papier bleu à la pierre
noire, par François Boucher.

819 La Renommée, Etude à la pierre noire
rehauſſée de blanc, par le même.

820 Une jeune femme, portant un enfant,
& couverte d'un large manteau : près d'elle
eſt un autre enfant. Ce Deſſin qui a été
gravé, eſt à la pierre d'Italie, par le même.

821 Un Enfant jouant avec un oiſeau : à la
pierre noire & à l'eſtompe, par le même.

822 Deux Buſtes de femmes vues à mi-corps
& drappées, d'un crayon léger, à la pierre
noire rehauſſée de blanc, & de quelques
teintes de paſtel, par le même.

823 Un Groupe de quatre femmes nues qui
culbutent les unes fur les autres, fpirituellement touché à la pierre noire, fur papier
bleu, par le méme.

824 Un Bufte de jeune femme, Etude à la
pierre noire rehauffée de blanc, par le
méme.

825 Une Tête de jeune fille, vue de profil,
très belle étude à la pierre noire mêlée de
paftel, par le méme.

826 Une autre Etude de Femme, au crayon
noir fur papier bleu, par le méme.

827 Alexandre s'arrêtant pour parler à Dio-
gene qui eft dans fon tonneau, belle compofition à la pierre noire fur papier bleu,
par le même.

828 La Vue d'un Moulin environné d'arbres,
Deffin à la fanguine & à la pierre noire,
par le méme, dont les figures font rehauf-
fées de paftel.

829 Deux cartouches, à la plume avec des
fujets de femme de la touche la plus fpirituelle, par le méme.

830 Deux différentes compofitions pour le
tombeau de la Reine. Ces deux beaux
Deffins, par M. Cochin, font à la fanguine, fur papier blanc.

830 bis. Un Deffin fait pour l'Hiftoire des
Voyages par l'Abbé Prevoft, à la pierre
noire lavée d'encre de la Chine, par le
méme.

831 Deux Deffins, faits en Italie par An-

toine Challes, à la pierre noire fur papier bleu à l'eſtompe rehauſſé de blanc : dans l'un eſt le Temple de la Sybile à Tivoli, & dans l'autre celui du Soleil.

6 5 832 Une contr'épreuve à la fanguine, d'une Tête de jeune fille, par J. B. Greuze.

833 Une Tête de vieille Femme, belle étude à la fanguine fur papier blanc, par le même.

834 Une Etude par M. Fragonard, repréſentant des tetes de femmes de fantaiſie ; à la fanguine.

5 835 Deux Etudes par le même, à la fanguine fur papier blanc : l'une repréſente une femme endormie fur un fopha : l'autre une jeune fille appuyée fur une table.

5 12 836 Deux Deſſins par le même : l'un, à la fanguine, repréſente une tête de Veillard entourée de ſix Chérubins : l'autre au biſtre, eſt la Vue d'une maiſon de Plaiſance en Italie.

837 Renaud endormi & tranſporté dans les jardins enchantés d'Armide, dont on voit le palais dans l'éloignement : des Amours, Nayades & Nymphes ſont différemment groupés dans ce beau Deſſin qui eſt à la plume fur papier par Louis de la Rue.

838 Deux Deſſins à la plume lavés de biſtre, par M. Lagrénée le jeune : l'un eſt un Sacrifice à l'Amour : dans l'autre, des femmes déſarment l'Amour endormi.

839 Un Deſſin au biſtre, par Saint Quen-

tin , compofé de fix figures : Vénus y eft
repréfentée accompagnée des trois Grâces :
l'Amour lui préfente la pomme : Mercure eft à fes côtés.

840 Deux croquis à la plume lavés de biftre
par J. B. Huet : l'un repréfente une Pé-
che & des Marchands de poiffons : l'autre
une Chaffe au Sanglier.

841 Le Combat d'un Samnite contre un
Romain, Deffin touché à la plume avec
beaucoup de feu par Fixon.

842 Un croquis à la pierre noire rehauffée
de blanc, par H. Robert : il repréfente
une partie du Temple de Jupiter, dont
on voit la ftatue ; on y voit auffi une fontaine où des Blanchiffeufes lavent du linge.

843 Deux grands Deffins à la fanguine, fur   48
papier blanc, par le même : l'un repréfente une maifon conftruite fur des ruines
d'édifices : l'autre, une très-grande voûte
ancienne.

844 Un Deffin à la fanguine, par le mê-   9
me, repréfentant une Vue d'Italie.

845 Une autre Vue d'Italie, deffinée à la   12
fanguine, par le même.

846 Un Deffin à la pierre noire rehauffée
de blanc, fur papier bleu, par M. Brenet.
Il repréfente Saint Paul mordu par un
ferpent dans l'Ifle de Malte.

847 Une copie très-bien faite, d'après P.
Loutherbourg, repréfentant une Bergere

qui passe une paille sur le visage d'un
Berger endormi. Ce Dessin est à la plume
lavée de bistre.

848 Un Dessin agréablement composé, &
terminé avec le plus grand soin, par M.
Aubry, au crayon noir estompé sur papier
gris. Il représente une femme du peuple
dans son ménage, assise sur une chaise de
paille, près d'une table où sont des ustensiles & des légumes : elle a un petit
enfant à côté d'elle, à qui un autre enfant qui a la tête enveloppée dans une
couverture, fait peur : un chien est aux
pieds de la femme. Ce joli morceau a été
gravé.

849 Deux Dessins considérables à l'encre
de la Chine, par Perrier. Ils représentent
l'un & l'autre des Vues de Rivière, avec
des figures & des animaux.

850 Une femme endormie, ayant près d'elle
des Amours : dessin à la pierre noire rehaussée de blanc & de pastel, par M. Calais.

851 Deux petits Paysages sur vélin, avec
des figures d'hommes & d'animaux, pré-
cieusement dessinés par M. Fontaine à la
mine de plomb.

13..1 852 Deux dessins à la plume lavés de bistre
par J. B. Wille. L'un est un sujet pastoral :
l'autre représente une femme qui demande l'aumône à deux personnes assises au
pied d'un arbre.

853 Deux autres Deffins, par le même, repréfentant l'un un homme, l'autre une
femme, qui pêchent.

854 Deux Deffins, Architecture & figures
par Servandoni fils. Ils font lavés à la fanguine, fur papier blanc.

855 Un Clair de Lune, deffiné au crayon
blanc : on voit fur le devant des barques
& des Pêcheurs. Ce joli Deffin eft par M.
Sarrazin.

856 Un autre Payfage au Clair de Lune,
par le même, deffiné au crayon blanc fur
papier bleu : on y voit un Berger gardant
fon troupeau fur le bord d'une rivière.

857 Un très-beau Payfage avec Vue de rivière. Dans le milieu, on voit un homme
qui frappe un cheval pour le faire entrer
dans un bac. Ce Deffin d'un grand effet,
eft lavé à l'encre de la Chine & rehauffé
de blanc fur papier bleu, par M. Tonay.

858 Le Portrait de M. Soufflot, Archi-
tecte du Roi, Deffin fait avec beaucoup
de foin par M. Pujos.

859 Un Satyre & une Bacchante, deffin lavé au biftre fur papier blanc, par M.
Moitte.

860 Deux très-beaux deffins, fur papier
blanc, repréfentant des Payfages vus à
l'effet d'un clair de Lune, par Pillement.

861 Un deffin d'une riche compofition à la
pierre noire fur papier blanc, par le mê-

me, repréfentant un Payfage où l'on voit une grande étendue d'eau , & fur le devant une Dame à cheval.

862 Deux autres Payfages agréables , par le même , deffinés à la pierre noire fur papier blanc.

863 Deux Deffins à la plume & au biftre , par M. Pâris: l'un repréfente des chaumières fituées au bas d'une colline : fur le devant eft un homme affis , fon chien près de lui : l'autre une maifon de Payfan avec un puits, devant laquelle font un homme & deux femmes.

864 Un croquis à la fanguine, fur papier blanc, fujet allégorique aux Arts.

865 Deux deffins, Payfage & architecture , dont un de forme ovale , colorié.

DESSINS ET GOUACHES EN FEUILLES.

866 Un Deffin de figures grotefques au biftre, attribué à Léonard de Vinci, repréfentant en ridicule les charges des perfonnes de la Cour de François Premier. Il vient de la collection de Monfeigneur le Prince de Conti.

866 bis. Un Saint & une Sainte profternés devant la Vierge qui eft dans une gloire, tenant l'Enfant Jéfus , & couronné par deux Anges. Ce beau Deffin par Annibal

Carache, est à la plume sur papier blanc,
& vient de la collection de M. Mariette.

867 Un dessin à la plume, légerement lavé
de bistre, par le Tintoret : il représente
Jésus-Christ faisant la Pâque avec ses dis-
ciples.

868 Deux Dessins, l'un coloré par le Jose-
pin, représentant l'Enlévement de Déjanire, l'autre lavé au bistre par Thaddée
Zuccaro, venant de la collection de Monseigneur le Prince de Conti.

869 Deux Vues d'Italie, à la plume & légerement coloriées, par Van Vitelli, de la
collection de Monseigneur le Prince de
Conti.

870 Deux Dessins au bistre rehaussé de blanc
par un Maître Italien, représentant des
sujets de l'Histoire de Saint Louis.

871 Quarante huit Portraits de Philosophes
dessinés à la pierre noire, d'après les Médailles antiques & modernes, en trois
feuilles, sur carton.

872 Un sujet de la Fable, composé de deux
figures, dessiné à la plume par Palmiéri.

873 La Sainte Famille, par Jacques Jor-
daens, Dessin de mérite légérement colorié sur papier blanc.

874 Deux Etudes de figures de femmes
drappées, au crayon blanc, sur papier
bleu, par Corneille Béga.

875 Quatre Dessins terminés à l'encre de
la Chine, sur la même feuille, représen-

tant différentes Vues de la Mer chargée
de Vaisseaux & Chaloupes par Backuisen.

876 Deux Desfins de compofition lavés au
biftre, par Corneille de Wael.

877 Jupiter fous la figure de Minerve, ter-
rafiant les Vices, Deffin d'une grande fi-
nefie, à la fanguine fur papier blanc, par
Gérard Lairefie.

878 Deux Deffins très-fpirituellement faits
à la plume, & lavés au biftre, fur papier
bleu, par Lingelbac.

879 Deux jolis Payfages ornés de figures par
Satckleven. Ils font deffinés à la pierre
noire fur papier blanc.

880 Douze Deffins précieufement faits à la
plume, lavés à l'encre de la Chine, repréfentant des Payfages & Vues de Ville
fur vélin par Vander Heiden: on les dé-
taillera.

881 Deux morceaux peints à gouache, par
Van Royen, repréfentant des Oifeaux
étrangers dans un fond de Payfage. Ils
viennent de la Collection de Monfeigneur
le Prince de Conti.

882 Un Deffin colorié, repréfentant une
Ménagerie par Freudeberg.

883 Un Opérateur diftribuant fes drogues
fur un théâtre, peint à gouache, par un
Artifte Flamand.

883 bis Deux Deffins, l'un à la plume lavée
de biftre, par Sébaftien Bourdon; l'autre
à la pierre noire, par Laurent de la Hire.

repréſentant la Vierge, l'Enfant Jéſus, &
Sainte Catherine.

884 Deux très-beaux Deſſins, par Charles
de la Foſſe, lavés au biſtre; l'un repréſentant un Repos de Diane au retour de la
Chaſſe; l'autre, Clitie changée en Tourneſol. Ils viennent de la Collection de
Monſeigneur le Prince de Conti.

884 bis. Cinq grandes compoſitions, Sujets
d'Hiſtoire, deſſinées à la pierre noire par
Verdier.

885 Deux autres Deſſins ſur papier bleu,
par le même; l'un repréſentant la Viſita-
tion de la Vierge, l'autre ſon Aſſomption.

886 Trois Sujets de Batailles, par Parocel
& autres.

887 Cinq Deſſins à la plume, & lavés à
l'encre de la Chine, par la Joue.

888 Deux beaux Payſages faits d'après nature, par J. B. Oudry : ils ſont lavés au
biſtre & rehauſſés de blanc ſur papier
bleu, & viennent de la Collection de Monſeigneur le Prince de Conti.

889 Quatre Deſſins & une contr'épreuve à
la ſanguine, ſur papier blanc, par Gillot,
avec les quatre Eſtampes qui ont été gravées d'après, ſous le titre des Fêtes à
Diane, Bacchus, Pan & Faune. Ils viennent de la Collection de M. d'Argenville.

890 Trois Sujets coloriés, par Marot, Lal-
lemand, &c.

891 Deux Deſſins à la ſanguine, ſur papier

blanc, par François Boucher: l'un eſt une
belle Etude de Tête de Vierge qui a été
gravée; l'autre, un fragment de compoſition.

8g2 Une grande compoſition à la plume
lavée au biſtre, par Louis de la Rue, repréſentant une Fête de Divinités Payen-
nes.

8g3 Une grande compoſition à la plume &
très-capitale, par le même, repréſentant
une Marche de Bacchus & de Silene, ac-
compagnés de Bacchantes.

8g4 L'Enlevement des Sabines, grande compoſition deſſinée à la plume ſur papier
blanc, & deux autres ſujets par le même.

8g5 Deux autres grandes compoſitions,
dont un Sacrificateur de Priape, & une
multitude d'Enfans, deſſinés à la plume,
par le même.

8g6 Trois autres Deſſins à la plume, dont
deux Sujets militaires, légerement coloriés.

8g7 Trois Vues différentes, dont deux par
Silveſtre, lavées au biſtre, ſur papier
blanc.

8g8 L'Intérieur d'une Ferme par Jean-Baptiſte Huet. Ce morceau, orné de figures
analogues au ſujet, eſt légérement colorié ſur papier blanc.

8gg Un Deſſin au crayon noir & blanc
rehauſſé de rouge, dont le ſujet eſt
le Miroir caſſé, très bien rendu par un

Graveur, d'après M. Greuſe qui paroît
avoir retouché la tête de la femme.

900 Deux Deſſins, Etude par M. le Prince, dont le Vieillard Ruſſe, à la ſanguine
ſur papier blanc.

901 Un Deſſin coloré dans le genre de M.
le Prince, repréſentant l'intérieur d'une
chambre où l'on voit une cérémonie qui ſe
pratique en Ruſſie à l'égard des nouvelles
Mariées.

902 Un Deſſin à la ſanguine par P. Loutherbourg, repréſentant un Berger aſſis & gardant deux moutons.

903 Deux jolis Deſſins, Architecture & Payſages, par M. Boucher fils.

904 Deux autres Deſſins par le même, légerement coloriés.

905 Deux différentes Vues de Payſages, lavées au biſtre ſur papier blanc, par Louis
Moreau.

906 Des Ruines d'architecture, par le même.

907 Un Sujet de Bacchanale, par Philippe
Carême: il eſt peint à la gouache.

908 Un Payſage au milieu duquel paſſe une
rivière, touché avec beaucoup de goût à
la pierre noire, rehauſſé de blanc, ſur papier jaune par le May.

909 Deux beaux Payſages ornés de figures,
deſſinés à la pierre noire & eſtompés ſur
papier blanc, par M. Deſtriches d'Orléans.

910 Deux autres Payſages touchées avec

autant de goût que les précédens, par le
même.

20. 4 911 Deux autres, par le même.

15. 1 912 Deux autres, par le même.

22 2 913 Deux morceaux à gouaches, par J.
Houel, repréfentant différentes Vues de
Payfages: dans l'un eft un homme à cheval qui parle à une femme, & dans l'autre font deux mulets chargés & leur conducteur.

96 914 Deux grands Deffins très-capitaux touchés à la plume & au biftre, fur papier
blanc, par M. Sarrafin, repréfentant des
Vues prifes dans la forêt de Chantelou:
ils font l'un & l'autre enrichis de jolies figures.

12.19 915 Un riche Payfage colorié par le même.

9 916 Deux autres Vues de Payfage & chaumières deffinées d'après nature, lavées à
l'encre de la Chine fur papier jaune, par
le même.

917 Deux autres idem, fur papier blanc.

6. 1 918 Un autre, repréfentant un effet de nuit
entièrement deffiné au crayon blanc, fur
papier brun, par le même.

2. 1 919 Trois autres, idem, dont un coloré.

19 920 Cinq autres, dont deux coloriés, faits
d'après les Ruines de l'incendie du Palais
à Paris, par le même.

9. 1 921 Deux autres, d'un beau faire; l'un repréfentant une forêt, l'autre une voûte &
de

des rochers, lavés à l'encre de la Chine,
fur papier blanc, par le même.

922 Une belle Académie, à la fanguine, 3
par Vaffé, d'après l'antique.

923 Deux Payfages lavés au biftre, fur pa- 3 - 5.
pier blanc, l'un repréfentant deux chaumières, l'autre l'intérieur d'un Village, par
un Artifte moderne.

924 Un joli Deffin à la pierre noire fur pa- 8
pier blanc, par Moitte, repréfentant des
Ruines d'un ancien Temple, où des Vef-
tales vont faire un Sacrifice.

925 Deux Deffins, Payfage & Ruines à la 10. 1
pierre noire rehauffée de blanc, fur papier
bleu, par C. Camus.

926 Trois autres de même, à la fanguine, 4
fur papier blanc, par Echard.

927 Deux Payfages, avec figures & ani- 18 - 1
maux, deffinés à la plume & au biftre fur
papier blanc, par C. L. Carpentier.

928 Deux différentes Vues de Jardins ornés 4 - 10
de figures & ftatues, fur papier blanc, &
coloriées par Chirou.

929 Deux deffins à la plume & coloriés, par
Moénart : l'un repréfente une Vue du Mo-
naftere de Longchamp ; l'autre celle d'u-
ne partie de l'Eglife de Montreuil. Ils
font ornés de figures.

930 Deux grands deffins d'architecture d'un 9. 4
bel effet, à la plume & légerement coloriés : ils paroiffent avoir été faits pour un
Projet de décoration.

O

931 Deux autres deſſins à la plume & co=
loriés, repréſentant des Payſages avec des
Ruines d'architecture, par un Artiſte moderne.

932 Un Bouquet de fleurs dans un Vaſe,
Etude peinte à l'huile ſur papier colé en
deſſin.

933 Vingt deſſins, dont une grande Etude
de Soldat, peinte à l'huile par Caſanove.

934 Vingt autres deſſins de différens Maîtres.

935 Quinze deſſins de Peintres Italiens.

936 Quarante deſſins, Payſages, Sujets &
Académies.

937 Pluſieurs autres deſſins de bons Maîtres,
montés ſous verre & en feuilles, qui ſeront
diviſés dans le courant de la vente.

ESTAMPES EN FEUILLES.

938 Deux grands ſujets, d'après Zuccarelli.
939 Les quatre Parties du Monde, d'après
Amiconi, & deux ſujets en cartouche.

940 Neuf Pièces, dont ſept d'après Rubens
& deux d'après Jacques Jordans.

941 Douze grandes Pièces, d'après les Tableaux de Rubens étant dans l'Egliſe des
Jéſuites d'Anvers.

942 La Vie de Saint Auguſtin, en vingt-huit
Pièces, bonnes épreuves.

943 Cinq Pièces, gravées à l'eau forte par 3
Salvator Rose, dont le Duc d'Aquitaine
faisant pénitence.

944 Six Pièces des Antiquités de Pesto, & 3 . 1
sept du grand Plan de Versailles.

945 Six Pièces, trois d'après Philippe Wouvermans, & trois d'après Arnould vander
Néer.

946 Sept Pièces, deux d'après Teniers, deux 3 . 1
d'après Ostade, une d'après Brauwer, une
d'après Corneille Dusart, & le Frontispice
de l'Encyclopédie.

947 Dix Pièces, dont une eau forte de Rem- 3   1
brandt, une rare du Bénédette, deux par
Corneille Schut, deux d'après Guillaume
Baur, par Kussel, & les quatre Elémens
d'après Buytenveg.

948 Trois Estampes en manière noire; une 4
rare par d'Ardell d'après Rembrand, avant
la lettre; le Portrait de la Mere de Rambrandt, par le même, & la Plumeuse de
Volaille, d'après le même, par Houston.

949 Cinq grandes Pièces en manière noire 7 . 19
dont deux d'après Rambrandt, & une Vierge d'après Carle Maratte, avant la lettre.

950 Sept Portraits en manière noire, par 4 . 19
Smith, Houston & autres, dont la Com-
tesse d'Essex.

951 Quatorze Portraits, dont ceux de la 3 . 13
Reine, de Monsieur, de Madame la Com-
tesse d'Artois, Jean-Baptiste Rousseau,

Montesquieu, d'Alembert, Mademoiselle
Deon, & autres.

5 . 19   952 Six grandes pièces; le Paralytique,
d'après le Poussin; le Pape Pie V; la
Présentation au Temple, d'après Corneille, l'original & la copie; Jésus - Christ
guérissant les Malades, d'après Jouvenet,
& la Madeleine aux pieds du Seigneur,
d'après Coypel.

8   953 Les sept Pièces de l'Histoire de Saint
Grégoire, d'après les Tableaux de Carle
Vanloo, peints pour l'Impératrice de Rus-
sie.

4 5   954 Six pièces, dont cinq Fêtes par M. Cochin, & la Statue de Louis XIV étant en
l'Hôtel-de-Ville de Paris.

2   955 La Madeleine, d'après Blanchard, &
le Saint Sebastien: tous deux avant la lettre.

8 . 1   956 Trois grandes pièces, d'après Vander-
Meulen, dont deux avant la lettre.

4 . 4   957 Onze pièces, dont deux Vues de la
Ville de Bordeaux, & neuf Plans différens du Palais de Stockolm.

3   958 Trois Pièces; le Médecin Russe, d'a-
près le Prince; l'Amour, d'après Greuze,
& l'Amour en Sentinelle, d'après Fragonard.

7   959 Quatre grandes Pièces; l'Enlévement
de Proserpine, d'après Vien; l'Offrande à
l'Amour, la Prière à Vénus, d'après Net-

cher; & le Jugement de Paris, d'après le
Trévifan.

960 Huit Pièces; les Italiennes laborieu-
fes, d'après Vernet; l'Efcorte d'Equipage
d'après Cafanove; l'Abreuvoir, d'après
Pillement; une Vue de Corfe, d'après
Loutherbourg; une Eau-forte de Diétricy; les Pécheurs à la ligne, d'après Affe-
lyn, & deux Marines d'après B. Péters.

961 La petite Foire, d'après Boucher,
bonne épreuve; & les Baigneufes, d'après
Diétricy, avant la lettre.

962 Quatre grandes pièces, dont la lumière   4. 10
du Monde, & les Préfens du Berger, d'a-
près Boucher; les Sermons du Berger, d'a-
près M. Pierre, & le Triomphe de Flore,
d'après le Pouffin, par Feffard.

963 Plufieurs autres Eftampes, qui feront
divifées en différens lots.

ESTAMPES EN VOLUMES.

964 L'Œuvre de Bazan, 4 vol. grand in-fol.   150 19
rel. en carton à dos de veau.

965 Le Cabinet de Crozat, 2 vol. in-folio
reliés en carton.

966 Le grand Atlas, par M. Robert de Vau-   52
gondi, in-fol. relié en carton.

967 Les Loges de Raphaël au Vatican, in-
fol. maximo. rel. en carton.

O iij

968 Augusta Basilica di San Marco di Venezia, in-fol. maximo, rel. en carton.

969 Le Cabinet du Président d'Aguille, in-fol. rel. en carton.

970 L'Œuvre du Bourdon, & celle de Loir, gravées par ces deux Maîtres, in-fol. relié en carton.

971 Un vol. rel. en carton, contenant cent Vues de Payfages, par Ifraël Sylveftre, in-fol.

972 Un Livre d'Architecture & Perfpective, par Bibiéna, in fol. rel. en carton.

973 Les Nations du Levant, repréfentées en cent Planches, in fol. relié en carton.

974 Le Livre du Deffin, par Gérard Lairefle, in fol. rel. en carton.

975 Une Suite de cinquante Payfages gravés par Sadeler, in-fol.

976 Le Cabinet de M. le Duc de Choifeul. Un vol. in-4°. rel. en veau écail. doré fur tranche.

977 Les Fables de la Fontaine, 4 vol. in-fol. fupérieurement enluminées dans les Planches & les Vignettes; reliés en maroquin rouge doré fur tranche.

978 Les mêmes, fans être enluminées, 4 vol. in-fol. grand papier, veau écail. & filets, dorées fur tranche.

979 Les mêmes, papier ordinaire, conditionnées comme les précédentes.

980 Les Fables de la Fontaine, gravées par

Feſſard, *6* vol. in-8°. reliés en veau, &
filets, dorés ſur tranche.

981 Les Trois Regnes de la Nature, avec
les doubles Planches enluminées, par M.
Buchoz, dix cayers in-fol.

982 Les Plantes & les Fleurs les plus rares de
la Chine, enluminées : dix cayers in-fol.

983 L'Hiſtoire des Plantes, en 18 volu-
mes in-fol. brochés en cart. par le même,
dont douze de Planches, & ſix de Diſ-
cours.

SCULPTURES.

TERRES CUITES.

984 Un Bas-relief, en terre cuite. par Clo-
dion. Il repréſente la femme d'un Satyre
endormie : elle a la main droite appuyée
ſur l'urne d'un Fleuve ; elle embraſſe de la
gauche un petit Satyre qui tient une gra-
pe de raiſin.

985 Un Bas-relief, en terre cuite, de forme
ronde, repréſentant une femme qui verſo
du vin dans une coupe que tient un enfant aſſis près d'une jeune fille qui joue de
deux chalumeaux.

BRONZES ANTIQUES.

986 Le Temple de Cibele entouré des Divinités Egyptiennes ; la Déeſſe en ſort dans ſon char tiré par des Lyons. Ce bronze eſt ſur un pied de marbre blanc. H. 11 p.

987 Trois figures de Mercure ; l'Egyptien, le Grec, & le Gaulois.

988 Deux figures, Jupiter & Vénus Egyptienne.

989 Trois figures ; un Jupiter Egyptien, & deux Chittes.

990 Deux autres figures antiques de Jupiter tenant la foudre.

991 Deux figures, Silene & une Bacchante.

992 Deux figures, une Prêtreſſe d'Iſis, & Pâris tenant la pomme.

993 Orphée enchantant Cerbere : le Lion de la Forêt de Némée.

994 Deux figures d'Athletes Romains.

995 Deux Soldats Romains, dont un eſt armé de toutes pieces.

996 Trois autres figures antiques, dont un petit Antinoüs.

997 Hercule tuant l'Hydre avec ſa maſſue. H. 15 p. ſans le pied de bois noirci.

998 Deux Buſtes antiques d'Empereurs Romains, dont les yeux ſont en argent. Ils viennent du Cabinet de M. le Duc de Tallard, & ſont ſur des pieds de marbre noir. H. 12 p.

BRONZES MODERNES.

999 Un petit bronze dans le coſtume du quinzième ſiecle, repréſentant une Princeſſe à genoux, vêtue d'un long manteau.

1000 Un très-beau bronze, fait par le Padouan, d'après Michel-ange repréſentant Moyſe tenant le Livre de la Loi. Il vient du Cabinet de M. le Duc de Saint Aignan. H. 17 p.

1001 Un joli Amour, en bronze, d'après François Flamand, & bien réparé : il eſt debout, portant ſon arc & ſes fleches : ſur un pied de marqueterie, garni de bronze. H. 17 p. ſans le pied qui porte 5 p.

1002 Un joli Enfant, d'après le même, couché & endormi. Ce morceau, parfaitement réparé, eſt ſur un ſocle fondu du même jet, & placé ſur un autre ſocle de marbre blanc.

1003 Deux beaux groupes en bronze, faiſant pendant. L'un repréſentant l'Enlévement de Déjanire par le Centaure Neſſus ; l'autre l'Enlévement d'une Nymphe par un homme nu à cheval. H. 16 p. ſans y comprendre de riches ſocles en bronze, dorés d'or moulu portant 4 p.

1004 L'Enlevement de Proſerpine, d'après Girardon, compoſé de trois figures. Ce morceau auſſi parfaitement réparé que les précédens, eſt ſur un beau pied de bronze doré d'or moulu , & porte 19 p. de h. ſans le pied.

1005 Deux très-belles figures , en bronze ; ſur des pieds de marqueterie garnis de bronze. L'un repréſente Saturne qui dévore ſes enfans ; l'autre , Neptune irrité , ou le *Quos Ego*. H. des figures , 18 p.

1006 Deux Bronzes en pendant , & d'une belle réparation , ſur des pieds de même , dorés d'or moulu ; l'un repréſente Vénus aſſiſe au pied d'un palmier , tenant de ſa main gauche une draperie qu'elle éleve ſur ſa tête : l'Amour debout tenant en main ſon flambeau , eſt à côté d'elle ; au bas du palmier ſont ſes deux colombes. L'autre Bronze eſt une Vénus debout ſur une coquille ſupportée par deux dauphins ; elle tend ſa main droite à l'Amour ; à ſes pieds eſt un cigne. H. 22 p. ſans les ſocles.

1007 Deux autres Bronzes en pendant , ſur de riches terraſſes de bronze doré d'or moulu ; l'un repréſente Vénus aſſiſe ſur un rocher , & prenant les fleches à l'Amour , qui eſt debout & tient ſon arc ; l'autre , Pſiché tenant une lampe , & reconnoiſſant à ſa lueur l'Amour endormi ; ces deux beaux morceaux ſont également bien exécutés dans la partie des chairs & dans celle des draperies. Ils portent chacun 18 p. de haut.

1008 Deux figures de Vénus , l'une dite la

Vénus pudique ou la Vénus de Médicis,
l'autre la Vénus aux belles feſſes : ces deux
Bronzes bien terminés ſont ſur des ſocles
de même dorés d'or moulu, & portent
chacun 22 p. & demi de haut.

1009 Une figure de Diane allant à la châſſe,   743.1
d'un travail recherché ; elle eſt vêtue d'une
draperie retenue par une ceinture : elle
prend d'uue main une fleche dans ſon
carquois ; l'autre paroît appuyée ſur un
cerf qui court : elle eſt poſé ſur un riche
pied de bronze doré. H. de la figure 25
pouces.

1010 Deux figures en pendant ; l'une eſt   280
celle de la Vénus pudique ; l'autre celle
d'Antinoüs. H. 20 p.

1011 Un beau groupe de deux figures ar-   516
tiſtement réparé, repréſentant les deux
Lutteurs : il eſt ſur un riche ſocle de
bronze doré. H. 13, l. 14.

1012 Deux groupes ſur des pieds de mar-   240
bre noir ; l'un repréſente le combat d'un
taureau par un homme à cheval armé
d'une lance ; l'autre, l'attaque d'un Lion
par un Africain à cheval. H. 12 p.

1013 & 1014 Quatre belles figures en   1200
bronze par le Cavalier Bernin, ſur des
pieds de bronze doré ; elles caractériſent
la Joie, la Triſteſſe, la Santé & la Médecine : ces morceaux, qui ſeront vendus
deux à deux, viennent de la Collection
de M. Blondel de Gagny. H. 13 p.   1730

506. 1 1015 Quatre bronzes très-diſtingués poſés
sur des pieds de marbre blanc : ils repréſentent les quatre parties du Monde, ſous
la forme de quatre femmes qui ont chacune les attributs diſtinctifs de la partie
du globe qu'elles déſignent. Ils portent de
13 à 15 pouces de hauteur.

200. 1 1016 Vénus couchée & allaitant l'Amour.
Ce joli Bronze a 9 pouces & demi de
haut ; il eſt ſur une terraſſe de bronze doré.

130 1017 Deux morceaux en bronze, compoſés
de pluſieurs figures : l'un eſt une Chaſſe
au Sanglier, l'autre une Chaſſe au Cerf.
Ils ſont ſur des pieds de marqueterie.

27. 10 1018 Une belle Tête de jeune Homme ſur
ſon pied de bronze : elle vient des fouilles
de Rome & paroît antique.

396 1019 La Statue équeſtre d'Henri IV, très-
bien modelée & réparée, ſur un pied de
marqueterie de Boule. Elle porte 19 p. de
haut, compris le ſocle.

425. 1 1020 Deux Buſtes en bronze de grandeur
naturelle, par un très-habile Artiſte du
dernier ſiecle, repréſentant Louis XIII &
Anne d'Autriche. H. 23 p. Ils ſont ſur
des pieds d'ouche de marbre noir, qui
ont 6 p. de haut.

64. 1 1021 Le Buſte de Marie Théreſe d'Autriche, Reine de France ; elle eſt vue preſque
à mi-corps, coeſſée en boucles flottantes,
& ajuſtée du manteau royal. Ce morceau
d'un excellent Artiſte, eſt ſur un pied

d'ouche d'ancien marbre tirant sur le
verd. H. 15 p.

1022 Une Femme affise fortant du bain &
peignant fes cheveux. H. 5 p. & demi,
fans fon pied de bois noirci.

1023 La même figure fur un focle de marbre blanc.

1024 Une figure d'Amphitrite ; ancien
Bronze fur pied de bois de rofe. H. 9 p.

1025 Deux Bronzes en pendant, l'un repréfente une Nymphe nue qui paroît for-
tir du bain, & qui a fes pieds pofés fur
un dauphin. L'autre eft un Antinoüs ; ils
font fur des pieds d'ébene. H. 14 p.

1026 Un très-beau Bronze par M. Couftou,
repréfentant S. Jean-Baptifte portant fa
croix de Précurfeur. Il a fon mouton auprès de lui. H. 19 p.

1027 Le Laocon en bronze du grand modele, réparé avec le plus grand foin, &
fait d'après l'antique ; il eft fur un pied de
marqueterie garni de bronze doré. H. 26
p. l. 21 p. & demi.

1028 Deux groupes de bronze, artiftement réparés & de la plus belle couleur,
compofés chacun de trois figures ; l'un
eft l'Enlevement d'une Sabine, par Jean
de Bologne ; l'autre celui de Proferpine,
par François Gérardon. Ils font auffi du
grand modele, & viennent de la Collection
de M. Blondel de Gagny. H. 20 p. fur
des pieds de bronze dorés, d'un bon genre.

1028 *bis.* Deux bronzes, d'après l'antique, en pendant, bien réparés & du grand modèle; l'un eft la Vénus accroupie, h. 14 p. l'autre le Rotator, h. 12 p. & demi; fur leurs focles de même bronze.

1029 Un Taureau en Bronze, fur un pied de bois doré.

1030 Une Sibylle tenant le livre des Oracles. H. 9 p.

1031 La figure de Momus, en bronze doré d'or moulu, de même que fon pied. H. 15 p.

1032 Le même Bronze non doré.

1033 Un Pélerin Chinois & une Pélerine de la même Nation. H. 8 p.

1034 Le Bufte du grand Dauphin couronné de lauriers, fur fon pied de bois doré. H. 5 p. & demi.

1035 Le même Bronze.

1036 Deux figures en bronze, dont l'une repréfente un Berger, & l'autre, qui eft antique, une Veftale.

1037 Un Soldat Romain nu & armé de fon fabre, fur un pied de bois doré. H. 8 p.

1038 Deux figures de Femme vetues à la Romaine, l'une repréfente la Navigation; l'autre le tems de la récolte des vins. H. 5 p. & demi.

1039 Deux autres figures de Femmes dans le coftume grec, de même grandeur que les précédens.

1040 Une figure de Diane tenant fon arc

& une fleche, fur un pied de marqueterie. H. 11 p.

1041 La figure du Dieu Mars en bronze,
fur pied de bois noirci. H. 11 p.

1042 Deux petits Buftes d'Empereurs Romains, en bronze doré.

1043 Un Lion accroupi, ayant une de fes
pattes appuyée fur un globe. Ce morceau
fait en forme de pierre à papier, eft en
bronze doré.

1044 Un Cheval allongé & galopant: fur
pied de bois noirci.

1045 Un autre Cheval en bronze, fur une
terraffe de même.

1046 La Chevre Amalthée: fur un pied
de marqueterie de Boule.

1047 Deux jolis Lévriers en bronze fur des
focles dorés de même métail.

1048 Un grand Bas-relief de bronze doré,
repréfentant une forét où Diane fe repofe
au retour de la Chaffe: elle eft appuyée
fur un chien, & a près d'elle un cerf appri-
voifé; deux de fes Nymphes font affifes
fous un arbre: ce morceau eft très-bien
fini. H. 11 p. l. 39.

1049 Deux Bas-reliefs en bronze dans des
bordures pareilles, repréfentant des Batailles de Louis XIV, telles qu'elles font
au piedeftal de la Statue qui eft à la place
des Victoires.

1050 Deux autres Bas-reliefs, dans des bor-

dures de bronze, repréfentant l'un Diane
aux bains : l'autre Vénus fortant de la mer.

1051 Deux Bas reliefs en bronze, de forme ronde. L'un repréfente Apollon pourfuivant Daphné ; l'autre, Jupiter fous la
forme de Diane, affis auprès de Califto.
7 p. & demi de diametre.

1052 Deux autres, de même forme & grandeur, dont les fujets font tirés de l'A-
riofte.

1053 Un Bas-relief de bronze, repréfentant l'Adoration des Bergers. H. 5 p. l. 7
p. & demi.

1054 Un autre, repréfentant Saint Jean-
Baptifte enfant jouant avec fon mouton.
H. 4 p. & demi.

1055 Un Miroir Chinois de bronze de forme ronde.

1056 Un grand Médaillon quarré, repréfentant Louis XIII enfant, entouré des
Médaillons des douze Céfars. H. & l. 5 p.
& demi.

1057 Un grand Médaillon en potin, frappé
à l'occafion du mariage d'Henri IV avec
Marie de Médicis ; dans fa bordure. 6 p.
de diametre.

1058 Six Médailles de grand bronze, trois
de Louis XIV, deux de Louis XV, dont
celle de fon Mariage ; & une de Louife-
Adélaïde d'Orléans.

1059 La Médaille du Cardinal de Fleury.

en grand bronze, & celle de Socrate en métail blanc.

1060 Deux Médailles de grand bronze : l'une, frappée à l'occasion de la construction de l'Église de Saint Louis en la Ville de la Rochelle ; l'autre pour le nouveau Bâtiment de la Monnoie à Paris.

1061 Le Médaillon de Voltaire, en très-grand bronze doré.

1062 Trois bordures de bronze doré, propres à mettre des mignatures.

Y V O I R E S.

1063 La Madeleine embraffant le corps de Jéfus Chrift, attaché à la croix qui eft plantée fur un rocher orné des attributs de la Paffion. Ce morceau eft très-précieufement exécuté.

1064 Le Modele très fini, en bois, du même ouvrage.

1065 Deux figures grotefques, homme & femme, fur pieds également en yvoire.

M O S A I Q U E.

1066 Une Erigone couronnée de pampres, & tenant un raifin à fa main ; elle eft couverte d'une draperie exécutée en lapis. Ce morceau de forme ovale, fait par un excellent Artifte, d'après le Tableau de

Pierre de Cortonne, vient du Cabinet de Monſeigneur le Prince de Conti, N°. 1305. Il eſt dans une riche bordure de bronze doré d'or moulu. H. 14 p. l. 16.

1067 Deux Payſages peints ſur pierre de Florence. Hauteur 3 p. 6 lign. l. 7 p.

M A R B R E S   A N T I Q U E S
E T   M O D E R N E S.

1068 Un Enfant riant, tenant de la main gauche un oiſeau, & de l'autre un fruit; il eſt aſſis ſur une plynthe moderne, & porté ſur un grand ſocle ajuſté de rinceaux & figures d'enfans en bronze doré d'or moulu. Ce morceau de grandeur naturelle, qui vient du Cabinet de M. de Montmartel, mérite l'attention des Curieux. Hauteur totale 24 pouces.

1069 Vénus accompagnée de l'Amour. Ce Morceau agréable, en marbre blanc, porte 25 pouces de haut.

1070 Le Buſte Antique de Jupiter Olympien, proportion de nature, ſur ſon piédouche de marbre. Il vient de la Vente après le décès de M. le Duc de S. Agnan, qui l'avoit apporté de Rome.

1071 Une Tete de Femme antique de marbre de Paros, ſur un piédouche de Brocatel. Hauteur 15 pouces, ſans le pied.

1072 Un Buſte d'Empereur, en marbre blanc, ſur ſon pied de même bloc. Hauteur 15 p. ... 14

1073 Deux Bas-reliefs en marbre blanc, compoſés chacun de cinq figures d'Amours, l'un repréſente les quatre Elémens, & l'autre les cinq Sens. Ils ſont dans des bordures dorées. Hauteur 12 pouces, largeur 18. ... 130

1074 Un petit Bas relief de forme ronde, repréſentant une Offrande à l'Amour par une jeune Nymphe. Diametre 7 pouces. Auſſi dans une bordure dorée. ... 15.1

1075 Un Mortier de Porphyre, forme de vaſe, couvert, & de bonne qualité. ... 86

1076 Deux autres Vaſes, auſſi forme de mortiers de même matière, couverts & vuidés en dedans; taillés à goudron en dehors, & orné de bronze doré. ... 200.1

1077 Deux Vaſes d'albâtre d'Angleterre, tirant ſur l'améthyſte, vuidés, ornés de têtes de béliers, gorge à gaudrons & filets de perle, avec culots de bronze doré.

1078 Un autre Vaſe de même matière, forme oblongue, orné de gorge, anſes quarrés à têtes de femmes, draperies & nœuds formant guirlande ſur pieds-d'ouche garnis de culots & plynthe carrés; le tout doré. Il peut faire milieu aux deux autres.

1079 Deux Vaſes de marbre canelés, couverts & vuidés; ils ſont d'un grand volume ... 180

1080 Deux Vases de marbre blanc, & sur plinthe carrée de marbre noir.

1081 Deux Vases de composition garnis de boutons à pomme de pin, d'anses quarrés, guirlandes, gorges & culots, sur plynthe carrée de bronze doré.

1082 Deux Vases de pierre de Tonnerre cannelés, bandeau à feuilles de lierre sur piédouche de même matière.

PORCELAINES ANCIENNES DE LA CHINE.

1083 Un Vase de porcelaine de la Chine, fond bleu turquin, à sujets de chimere, demi-reliefs & tiges à feuillages fond bleu orné de gorge à gaudron, anses carrés ceintrées du haut, mascarons à tête de femmes sur piédouche à culots, baguettes à feuilles de laurier & plynthe carrée de bronze doré. Ce morceau vient de la Vente de Madame de Pompadour. +

1084 Deux grands cornets de porcelaine de la Chine, fond Céladon, tracés à petits desseins, cartouches à modeles & arbrisseaux ornés de gorges à feuilles de lauriers, têtes de béliers & guirlandes sur tors cannelés, baguettes à feuilles de laurier & plynthe à huit pans; le tout de bronze doré. Un troisième formant le milieu à grosse panse, cartouches en éven-

tail, & pareillement décoré que les précédens.

1085 Deux Vases fond vert de porcelaine   430
de la Chine, forme d'urne, orné de gorge
à gaudron & bandeau en chaînons, draperie formant guirlande, avec glands,
pieds à trois consolles enrichies de baguettes, canelures & guirlandes ; le tout
de bronze doré.

1086 Deux Vases de même porcelaine de
ton clair, couleur lapis, ornés de gorges
& forts rinceaux d'ornement formant anses, boutons à pommes de pin, sur pieds
à quatre supports & coquilles de bronze
doré.

1087 Trois Vases de porcelaine craquelée,   480
forme de lisbet, à chimeres de relief prises
dans la porcelaine, ornés tous trois de
gorges à baguettes, anses contournées à
forts rinceaux, sur pieds à quatre supports, & coquilles de bronze doré.

1088 Un Pot-pourri d'ancienne porcelaine
ventre de biche à deffins bleu & vert,
garni d'un pied à trois griffes de lion
gorge au milieu, avec muffle de lion,
anneaux & chaînes de bronze doré. Il
vient de la Collection de M. de Gagny.
H. 18 p. ✝

1089 Deux autres Vases faits de deux bou-   190
teilles de terre de Perse, fond bleu, formant pot-pourri, aussi ornés de bronze
doré.

P iij

1090 Quatre Plats de Porcelaine de la Chine, de différente grandeur, & coloriés.

1091 Deux Lions d'ancienne Porcelaine, montés sur des pieds de bronze doré.

1092 Quatre grandes Bouteilles à long col d'ancienne Porcelaine violet foncé, rehaussée en or.

1093 Deux Hiboux de très-ancienne porcelaine brune.

1094 Les Bustes de Voltaire & de Rousseau en Biscuit de Seve, sur des pieds de même.

MEUBLES DE LAQUE.

1095 Une Cassette d'ancien laque du Japon, fond noir, paneaux à sujets de châteaux, & arbrisseaux en or, demi relief, ornée d'équiere, mains & entrée de bronze doré, fond aventurine en-dedans, contenant un grand plateau, aussi aventurine; l'abatant fond noir enrichi de deux cicognes en or de relief; elle vient du Cabinet de Madame la Marquise de Pompadour. +

1096 Un Cabinet de laque ouvrant à deux battans, enrichi de paneaux à sujets de même genre que l'article précédent, & garni d'équieres & entrées de bronze doré; les tiroirs fond aventurine en-dedans, & les paneaux aussi à sujets. Sur l'intérieur

des portes orné de bouteilles à modeles
bien confervées , d'où fortent des fleurs.
Ce morceau eft placé fur un pied de bois
doré.

1097 Deux Paravents à fix feuilles de laque
de la Chine , fond noir , à fujets de Pa-
godes , Châteaux & Chimeres , demi-reliefs.

MEUBLES DE BOULE.

1098 Une très-belle Armoire en marqueterie première partie, fond écaille , con-
tournée, à pilaftres canelés , terminée du
haut en dôme , corniche ceintrée furmontée d'un écuffon , accompagné de deux
figures allégoriques couchées , de deux
trophées de mufique , & de deux vafes
placés fur les pilaftres du fond , comme
les trophées fur ceux du devant ; les portes ceintrées du haut formant pilaftre au
milieu , enrichies de fix paneaux de marqueterie, encadrés de moulures & équiè-
res faifant cartels ; les quatre grands décorés de figures en bas-reliefs allégoriques
aux arts , les chans à fleurons , les côtés
auffi à panneaux ouvrant en trois parties ,
& ornés pareillement de moulures & cartels ; l'intérieur des deux grandes portes
plaquées en ébene, l'Armoire garnie de
tiroirs & tablettes , le pied ceintré du

bas à carderons & supports de groupes de
dauphins & dragons.

1099 Une Table de griotte d'Italie, long.
4 pieds, profonde 2 pieds 3 pouc. &
demi, sur pieds à quatre gaines de marqueterie, première partie en cuivre &
étaim, garnie d'un tiroir, panneau fond
écaille, chapiteau orné de plates blandes,
têtes de bélier, pieds à gorge, avec en-
trejambes aussi de marqueterie, sur quatre
boules à calottes : le tout de bronze doré.

1100 Une autre Table de marqueterie, con-
trepartie dont le dessus orné d'un grand
panneau fond écaille, à fleurs & feuillages
de différentes couleurs, avec carderons,
à quatre consoles ornées de riches têtes
de femmes en cariatides à rinceaux formant chapiteau ; le panneau du tiroir d'é-
caille fond bleu & étaim, enrichi de cartels & moulures en bronze doré ; l'entre-
jambe aussi de marqueterie.

1101 Une cassette de même genre d'ouvrage, garnie en dedans en bois de rapport.

1102 Une Toilette aussi de Boule, composée de quatre grandes Boëtes, dont deux
à huit pans, deux quarrées, & un grand
Miroir aussi de marqueterie.

1103 Un petit Cabinet à cinq tiroirs.

1104 Un Moulin à caffé, de même marqueterie, en forme de coffret, garni en argent.

1105 Deux Girandoles à trois branches,

compofées d'un fût de colonne orné de guirlandes , furmonté d'un vafe formant bobeche & éteignoir, fur plinthe triangulaire , aufſi de bronze doré.

1106 Un fort Feu à vafe orné de guirlandes & piédeftal à recouvrement & caſſolettes , avec fa garniture de pelle & tenailles ornées de boutons de bronze doré.

1107 Un Fufil à vent, garni en argent.

1108 Un Gobelet de corne d'Elan , garni en argent doré, & travaillé dans l'Inde.

1109 Une Montre de Berline dans une double boëte d'argent , dont une eft ornée de figures en demi relief : elle eft à quarts , à réveil , à filence , à fonnerie , à répétition & à quantième : elle eft en bon état.

BAGUES, PIERRES FINES, ET PIERRES GRAVÉES.

1110 Une Bague montée d'une belle tête en camée onix.

1111 Une Bague montée d'un œil de Chat avec des accidens finguliers.

1112 Une grande Amétifte d'une très-belle couleur fans défaut.

1113 Un grand Pérido.

1114 Un Grenat cabochon d'un très-grand volume, chargé d'une glace.

1115 Une Topafe de Bohéme, en forme dé poire, d'un volume très-confidérable.

1116 Une grande Pierre gravée en creux fur un beau jafpe fanguin, repréfentant une femme armée d'arc & de fleches.

1117 Une grande Agathe onix antique, gravée en creux, repréfentant un Sacrifice.

1118 Deux belles Têtes gravées en creux; l'une de femme fur grenat, l'autre d'homme fur cornaline de vieille roche.

1119 Quatre Pierres gravées en creux, fur jafpe fanguin & lapis : deux font antiques.

1120 Trois pierres gravées en camée, dont une belle Tête d'Enfant fur Agathe onix, & une autre Onix gravée en creux.

1121 Huit Cornalines gravées en creux, dont quatre Buftes de Femme, & quatre Têtes d'Homme.

1122 Huit autres Têtes gravées en creux, fur Cornaline, Sardoine & Pierre d'Iris, dont deux antiques.

1123 Huit petites Cornalines de vieille roche, & antiques, gravées en creux, dont quatre font des Têtes.

1124 Neuf autres Cornalines, repréfentant des Sujets divers, & dont la plus grande partie eft antique : elles font gravées en creux.

1125 Douze autres Cornalines gravées en creux.

PIERRES GRAVÉES A ROME.

1126 Deux Agathes Sardoines; l'une représente Athalante, & l'autre un Mercure.

1127 Un Caillou, représentant une Lucrèce; & un autre de Jaspe universel, sur lequel est gravé un Orphée.

1128 Un Mercure représenté sur une Sardoine, & une autre figure allégorique.

1129 Une Muse couronnant Apollon, aussi sur Sardoine, & un Vulcain sur pierre de même sorte.

1130 Le Dieu Mars, représenté avec les attributs qui le caractérisent aussi sur Sardoine.

1131 Huit Agathes arborisés.

1132 Trente-deux pièces, dont trois grandes compositions, cinq Têtes gravées sur Coquilles, & vingt-quatre Têtes en camée en porcelaine de Séve, d'après les pierres gravées du Cabinet du Roi.

1133 Divers autres Objets qui seront détaillés dans le cours de la Vente.

F I N.

Lû & approuvé. RENOU, pour M. COCHIN.

Vu l'Approbation, *permis d'imprimer*, *ce 3 Nov.* 1779. LE NOIR.

De l'Imprimerie de PRAULT, Imprimeur du Roi, Quai de Gevres.

SUPPLÉMENT
AU CATALOGUE
DE *Tableaux, Bronzes, &c.*

TABLEAUX.

FRANÇOIS ALBANE.

Nº. 1134 ADONIS endormi au pied d'un arbre, & entouré des Amours qui tiennent ses instrumens de chasse & son chien : ce Tableau de mérite, & du bon tems du Maître, vient de la Collection de Monseigneur le Prince de Conti ; il est sur toile, & porte 15 p. de h. sur 20 de l.

SALVATOR ROSA.

1135 Deux Tableaux largement touchés & ornés de figures ; l'un représente de grands rochers ; l'autre deux grands arbres. Toile. H. 36 p. l. 27.

LUC JORDANS.

1136 Né on foulant aux pieds son épouse ; Tableau d'un coloris vigoureux & rempli d'expression. Toile. H. 16 p. l. 13.

Q

P A U L B R I L.

1137 Un Payfage très-fin, repréfentant des
vaches qui paiffent dans une forêt, & un
paffager qui parle à un payfan. Bois. H.
4 p. l. 5 p. & demi.

P. B R E U G H E L.

1138 Un Tableau d'une grande & grotefque compofition, repréfentant la defcente
d'Enée aux Enfers. Bois. H. 32 p. l. 48.

H E N R I S T E E N W I C K.

1139 L'Intérieur de l'Eglife Cathédrale
d'Anvers, enrichie de plufieurs figures
par J. Breughel. Bois. H. 27 p. l. 37.
1140 Un très-fin Tableau, repréfentant la
vue d'un portique fous lequel font différentes perfonnes, & donnant fur une place
ornée de beaux édifices. Cuivre. 3 pouces
9 lignes de diametre.

J. B R E U G H E L, dit DE VELOURS.

1141 La Vue d'un Village de la Flandre,
traverfé par un canal glacé fur lequel plufieurs perfonnes marchent & patinent. Ce
Tableau eft précieufement peint fur bois.
H. 4 p. & demi, l. 10.

A N T O I N E V A N D Y C K.

1142 Le Portrait d'un Général Anglois, vu

de face, & vêtu d'une cuirasse. Ce Tableau, dont on garantit l'originalité, est peint sur toile. H. 36 p. l. 20.

1143 Un Christ peint avec une grande expression, par le même. Toile. H. 42. l. 32.

J. BLOEMAERT.

1144 Deux charmans Payfages ornés de figures & de fabriques, peints en 1652. Bois. H. 9 p. l. 11.

FRANÇOIS FRANCK.

1145 La Femme adultere conduite devant Jéfus-Chrift; grande compofition de plus de trente figures. H. 18 p. l. 24.

LE HONDT.

1146 Un Détachement de Cavalerie attaqué par de l'Infanterie en embufcade. Toile. H. 17 p. l. 21.

1147 Un Payfage qui approche beaucoup du genre de Teniers; on y voit un berger conduifant un troupeau, & des muletiers qui font marcher devant eux des mulets chargés. Toile. H. 23 p. l. 19.

FRANCISQUE MILET.

1148 Un agréable Payfage enrichi d'animaux & de figures; on voit une vafte

campagne & des habitations dans l'éloi‑
gnement. Toile. H. 17 p. l. 24.

ADRIEN BRAUWER.

23.1 1149 Un Payfan vu à mi corps ; il eft vêtu
de rouge, & tient un pot de bière. Bois.
5 pouces de diametre.

ISAAC OSTADE.

125 1150 L'Intérieur d'un logement de Pay‑
fans, où l'on voit dix figures, dont un
homme qui embraffe une femme ; les au‑
tres boivent ou fument : ce Tableau, ri‑
chement compofé, & d'une couleur tranf‑
parente, eft peint fur bois. H. 15 p. &
demi, l. 20 p. & demi.

JACQUES VANDER DOES.

1151 Un troupeau de deux vaches & neuf
moutons paillans devant un hameau envi‑
ronné d'arbres. Ce Tableau d'un beau faire
eft peint fur bois. H. 13 p. l. 13 p. & de‑
mi.

18.1 1152 Un Tableau repréfentant une Bergere
affife aux pieds de la ftatue du Dieu Pan,
& gardant fes chevres ; elle parle à une
femme qui eft à moitié nue. Bois. H. 8 p.
& demi, l. 7 p. & demi.

ADRIEN VANDEN VELDE.

22 1153 Un joli tableau fur bois, repréfentant

cinq femmes qui fe baignent dans une rivière qui coule à côté d'une forêt. H. 5 po.
l. 7.

GASPARD NETSCHER.

1154 Un Enfant vêtu à la Polonoife, aved   *460*
manteau bleu & des plumes fur fon bonnet, tâchant de tuer une grenouille qui
eft près de lui. Ce Tableau, d'un précieux
fini, vient du Cabinet de M. Blondel de
Gagny, N°. 164. Il eft peint fur bois. H.
10 po. & demi, l. 5 p.   *602*

ABRAHAM HONDIUS.

1155 Deux Chaffes du Héron ; le fond eft   *75*
un Payfage orné d'architecture. Bois. H.
9 po. l. 13.

VAN KESSEL.

1156 Un Tableau, repréfentant différents
oifeaux perchés fur les branches d'un arbre. Il eft peint fur bois. H. 5 po. & demi,
l. 7.

G. NYT.

1157 La Vue d'une Fortereffe conftruite fur   *60. 19*
un rocher au bas duquel coule une rivière ;
on voit des troupeaux répandus dans la
plaine, & des hommes & femmes qui caufent avec un Religieux dont le couvent
s'apperçoit dans l'éloignement. Ce tableau

intéressant est peint sur toile. H. 15 po.
l. 22.

JACQUES COURTOIS, dit LE BOURGUIGNON.

1158 Deux Combats de Cavalerie, d'une
grande composition & d'une touche fran-
che & vigoureuse. Ces deux Tableaux sont
précieux par leur finesse. Ils sont peints
sur cuivre. H. 8 p. & demi, l. 10 p. &
demi.

LE NAIN.

1159 Une Tête de jeune homme ayant les
cheveux coupés courts & pittoresquement
vétu. Toile, de forme ovale. H. 15 po.
larg. 11.

CHARLES COYPEL.

1160 Une Esquisse terminée sur toile, repréfentant Athalie chaffée du Temple par
le Grand Prêtre. H. 8 p. l. 12.

ANTOINE WATTEAU.

1161 Un Concert champêtre, formé par
cinq perfonnes, hommes & femmes, placés fur une terraffe au bord d'une rivière : à la droite du tableau, fur un plan éloigné, on voit une agréable campagne, où
des femmes fe promenent ; d'autres fe repofent fous des ombrages. Cette charmante compofition eft du coloris le plus frais.
Toile. H. 24 p. l. 33.

JEAN RESTOUT.

1162 Les Etudes terminées de deux tableaux   51 - 1
repréfentant des Bacchantes, d'une grande
correction de deffin. Carton. H. 15 p. l.
13.

GRIMOU.

1163 Un Tableau touché avec beaucoup   30   2
de franchife & de vérité, repréfentant
Grimou tenant un verre de vin, & frappant de la main gauche fur l'épaule de
fon ami le Marchand de Vin qui tient la
bouteille. Toile. H. 36 p. l. 27.

FRANÇOIS BOUCHER.

1164 Une Tête de jolie Femme peinte à
Rome par cet Artifte. Bois. H. 16 p. l. 13.

CHALLE.

1165 Quatre grands Tableaux faits pour   169
une galerie, repréfentant le premier, Di-
don fur le bûcher; le deuxième, Cléopâtre
mourante le troifième, Hercule fe dévouant
à la mort; le quatrième, Milon Crotoniate.
Ces Tableaux qui font gravés, ont été
expofés au falon du Louvre en 1763. H.
6 pieds, l. 5.

P. ANTOINE MACHY.

1166 Deux Tableaux en pendant: dans l'un   162

on voit une femme nue qui va se baigner
dans une fontaine qui se trouve sous la
voûte d'un ancien édifice ; deux autres
femmes sont près d'elle : le second représente une femme qui prend de l'eau dans
une fontaine qui se trouve sous un ancien
portique, & un Paysan qui y fait boire
deux chevaux & d'autres animaux. Ces
deux morceaux sont très agréables & spiri-
tuellement peints. Bois. H. 11 po. l. 7.

1167 Deux autres en pendant : l'un composé de six figures, représente une Marchande d'œufs & de lait ; l'autre de cinq
figures, est la boutique d'une Marchande
de café, étalée dans la rue. Ils sont peints
avec finesse, sur bois. H. 4 po. & demi,
l. 6.

LOUIS LAGRENÉE l'aîné.

1168 Une Esquisse avancée, de forme ovale, sur toile, représentant Vénus & Adonis. H. 30 p. l. 23.

1169 Deux autres belles Esquisses de même
forme, sur toile ; l'une représente Jupiter
descendant du Ciel, sous la forme de Diane,
pour voir Calisto. L'autre Vertumne ôtant
son masque, & se montrant à Pomone. H.
30 p. l. 23.

M. JOLLAIN.

1170 Deux Tableaux en pendants, d'une

belle touche ; l'un repréſentant Hercule & Omphale ; l'autre Achille reconnu parmi les filles de Licomede. Toile. 44 po. de diametre.

H O N O R É F R A G O N A R D.

1171 Deux charmantes Eſquiſſes très-avancées : l'une repréſente une femme entrouvant ſa porte, & regardant deux enfans : dans l'autre des femmes lavent du linge dans une fontaine. Ces deux tableaux ſont vigoureuſement peints. Toile. H. 18 po. l. 24.   187 . 1

1172 Une jeune femme appuyée ſur une table de marbre, tenant ſon mouchoir contre ſon viſage, & paroiſſant affligée ; Tableau de forme ovale, ſur toile d'un très beau coloris. H. 22 po. l. 18.   100 . 2

M A Y E R.

1173 Deux Tableaux en pendant : dans le premier une femme s'entretient avec un Pêcheur, plus loin un Pâtre conduit un troupeau : le ſecond repréſente un Berger qui voyant l'orage, ramene les animaux qui ſont ſous ſa garde. Bois. Haut. 7 p. l. 8.   50 .

C A M U S.

1174 Deux Payſages peints dans le genre de van Goyen. Bois. H. 7 po. l. 10.   54 . 1

1175 Deux Têtes en pendant, l'une d'un   18 . 1

vieillard, l'autre d'une vieille femme. Bois.
H. 6 p. & demi, l. 4 p. & demi.

24   1176 Deux Etudes de Paysans. Bois. H. 5
p. & demi, larg. 4 p.

TABLEAUX DE DIFFÉRENTES ÉCOLES.

1177 Le Christ au tombeau, sur bois, par
un ancien Maître. H. 18 p. l. 24.

1178 La Vierge & l'Enfant Jésus; bon Tableau de l'Ecole du Guide, dont on connoît la gravure par Robert Strange. Il est
de forme ovale. Toile. H. 34 po. l. 40.

1179 Saint François vu à mi-corps, & adorant l'Enfant Jésus qui est debout devant
lui; Tableau d'une touche ferme & sça-
vante de l'Ecole des Carrache. Toile. H.
48 p. l. 36.

1180 Une Sainte Famille, qui paroît avoir
été copiée par la Fosse, d'après le Schi-
done. H. 21 p. l. 17.

1181 Jésus Christ au Jardin des Olives. Tableau bien colorié par Jacques Bassan.
Toile. H. 27 p. l. 36.

1182 Saint Jérôme en méditation, par Ri-
béra dit l'Espagnolet. Toile. H. 24 pouc.
l. 18.

1183 La Vierge & l'Enfant Jésus, d'après
Annibal Carrache. Toile. H. 40 p. l. 36.

1184 Un Payſage avec figures , dans le
genre du Gaſpre. Toile. H. 24 po. l. 32.

1185 Jéſus-Chriſt couronné d'epines, & vu
à mi-corps, par J. Franck.

1186 Une belle Tête d'un Guerrier portant
une freze blanche , dans le genre de van
Dyck Toile. H 25 p. l. 21.

1187 Une eſquiſſe pour un plafond , par de
Wit. Toile. H. 8 p. l. 11.

1188 Une ancienne copie, d'après Teniers,
repréſentant une Converſation de Payſans
dans la campagne. Toile. H. 6 p. l. 8.

1189 Une Tête d'un jeune Enfant. Toile.
H. 10 p. l. 9.

1190 Une Sainte Famille, d'après Mignard,
qui y a repréſenté les Portraits des Enfans
de Louis XIV & du grand Dauphin. Toile.
H. 48 p. l. 36.

1191 Un Bas-relief, repréſentant des Enfans. Bois , en griſaille.

1192 Un Payſage dans le genre d'Allégrin ,
avec des chûtes d'eau & des fabriques, &
pour figures l'Ange & Tobie. Toile. H.
20 p. l. 23.

1193 La Vue d'un Port de Mer. Sur le devant ſont des hommes & femmes occupées
aux travaux d'un port. Par Métay. Toile.
H. 18 p. l. 24.

1194 Mars & Vénus, Tableau de forme
ovale, ſur toile, par un des Coypel.

1195 Quatre différens Tableaux , Sujets de
Vierge & autres, qui ſeront détaillés.

DESSINS, MINIATURES, BRONZES, &c.

20 1196 Deux jolis Deſſins de femme, montés ſous verre, par François Boucher, & de ſon meilleur tems.

125 1197 Une très-belle Gouache repréſentant des Ruines d'architecture : on y voit deux hommes qui ſe battent, une femme qui cherche à les ſéparer, & une autre femme aſſiſe ayant un enfant devant elle. Elle eſt montée ſous glace.

37 1198 Une Mignature faite précieuſement par Madame Fragonard. Sous verre, de forme ovale.

146 1199 Un beau Groupe de bronze, repréſentant une Charité humaine accompagnée de trois enfans. H. 18 p. ſans le pied qui eſt de bois d'açajou garni de bronze doré.

129. 1 1200 Une Vierge tenant l'Enfant Jéſus, en grand bronze, ſur pied, comme le précédent, & de même hauteur.

24. 4 1201 Un Cheval & un Taureau de bronze en pendant, ſur pied de bois noirci.

145. 1 1202 Un Pot-pourri de porcelaine, monté en bronze doré.

F I N.

Lu & approuvé, ce 25 Novembre. RENOU, pour M. COCHIN.

Vu l'Approbation, permis d'imprimer, ce 26 Nov. 1779. LE NOIR.

DISTRIBUTION

DES NUMÉROS,

Pour chaque jour de la Vente.

Mercredi premier Décembre.

Numéros 14, 17, 43, 60, 93, 100, 112, 131,
136, 144, 158, 166, 224, 259, 265, 299,
330, 356, 484, 533, 539, 579, 648, 663,
668, 672, 674, 675, 680, 687, 688, partie
de 747, 761, 768, 769, 790, 887, 888, 889,
partie de 937, 938, 939, 940, 979, 984, 1108,
1135, 1150, 1161, 1170, 1171, 1173, 1196,
1199.

Jeudi 2.

Numéros 3, 15, 16, 20, 44, 88, 115, 119, 125,
132, 137, 143, 148, 157, 159, 173, 207,
218, 279, 354, 428, 498, 544, 573, 644,
645, 646, 669, 670, 671, 689, 690, 691,
partie de 747, 762, 763, 764, 770, 791, 806,
891, 892, partie de 937, 941, 942, 985, 1094,
1134, 1136, 1142, 1144, 1158, 1200, 1201.

Vendredi 3.

Numéros 2, 4, 18, 19, 42, 73, 87, 94, 121,
128, 133, 134, 135, 138, 139, 149, 160,
161, 203, 217, 234, 295, 343, 376, 460

A

[2]

469 , 482 , 499 , 549 , 650 , 673 , 676 , 691 ;
693 , partie de 747 , 765 , 766 , 767 , 807 , 808 ,
893 , 910 , 915 , 962 , 1066 , 1067 , 1126 , 1132 ,
1138 , 1139 , 1151 , 1165 , 1193.

Samedi 4.

Numéros 1 , 5 , 21 , 46 , 47 , 71 , 77 , 96 , 97 ;
104 , 116 , 117 , 130 , 142 , 145 , 146 , 167 ,
168 , 174 , 189 , 190 , 219 , 278 , 280 , 323 ;
353 , 461 , 475 , 476 , 652 , 653 , 654 , 679 ,
681 , 682 , 683 , 684 , 685 , partie de 747 , 771 ,
772 , 773 , 774 , 809 , 810 , 894 , 909 , 916 ,
partie de 937 , 943 , 944 , 980 , 1004 , 1110 ,
1111.

Lundi 6.

Numéros 6 , 7 , 72 , 74 , 75 , 107 , 118 , 154 ,
165 , 169 , 175 , 178 , 198 , 210 , 233 , 282 ,
375 , 379 , 462 , 468 , 470 , 474 , 485 , 527 ,
540 , 656 , 657 , 686 , 694 , 695 , 696 , 697 ,
698 , partie de 747 , 775 , 776 , 777 , 778 , 792 ,
811 , 812 , 895 , 908 , 917 , partie de 937 , 945 ,
946 , 978 , 1012 , 1029 , 1062 , 1146 , 1155 ,
1172 , 1174.

Mardi 7.

Numéros 8 , 23 , 24 , 25 , 26 , 45 , 51 , 83 , 84 ;
98 , 105 , 106 , 109 , 155 , 170 , 179 , 180 ,
181 , 193 , 187 , 201 , 216 , 232 , 463 , 477 ,
478 , 483 , 496 , 545 , 606 , 610 , 699 , 700 ,
701 , 756 , 757 , 758 , 759 , 760 , 813 , 814 ,

886, 911, 918, 982, 983, 1011, 1016, 1121,
1127, 1128, 1138, 1147, 1163, 1198.

Jeudi 9.

Numéros 9, 10, 11, 22, 37, 59, 78, 85, 111,
126, 211, 220, 238, 245, 256, 257, 258,
266, 276, 351, 464, 471, 491, 525, 546,
593, 661, 662, 663, 707, 708, 709, 710,
partie de 747, 748, 749, 779, 780, 793,
805, 896, 897, 912, 947, 948, 949, 1008,
1061, 1063, 1064, 1107, 1140, 1141, 1143,
1195.

Vendredi 10.

Numéros 12, 13, 27, 28, 36, 48, 50, 86, 99,
113, 150, 171, 182, 185, 188, 192, 196,
202, 205, 214, 240, 252, 465, 467, 473,
492, 502, 515, 664, 665, 666, 713, 714,
715, 716, partie de 747, 750, 751, 781, 782,
794, 816, 817, 898, 899, 919, 950, 951,
964, 1009, 1030, 1031, 1154.

Samedi 11.

Numéros 29, 31, 35, 38, 41, 52, 67, 261,
271, 277, 281, 286, 293, 303, 306, 311,
315, 439, 441, 456, 472, 497, 509, 521,
528, 538, 569, 570, 667, 719, 720, 721,
722, 723, partie de 747, 752, 753, 783, 784,
795, 818, 819, 900, 901, 922, 923, 965,
981, 1027, 1032, 1033, 1065, 1148, 1149,
1166.

(4)

Lundi 13.

Numéros 30, 39, 41 *bis*, 49, 58, 65, 127, 209,
221, 228, 241, 317, 318, 320, 322 *bis*, 328,
333, 340, 350, 361, 364, 447, 541, 547,
552, 556, 558, 559, 568, 577, 727, 728,
729, 730, 731, partie de 747, 754, 755, 785,
786, 866, 866 *bis*, 884, 885, 924, 925, 952,
953, 1026, 1040, 1112, 1113, 1131, 1145,
1167.

Mardi 14.

Numéros 33, 34, 40, 53, 56, 57, 89, 90, 91,
92, 223, 226, 243, 247, 275, 285, 296,
327, 349, 366, 372, 442, 458, 489, 507,
557, 736, 737, 738, 739, 740, partie de
747, 787, 788, 820, 867, 868, 913, 914,
926, 927, 954, 955, 966, 973, 1007, 1023,
1024, 1059, 1060, 1152, 1153, 1192.

Mercredi 15.

Numéros 32, 55, 61, 70, 77 *bis*, 147, 156, 164,
172, 176, 177, 184, 195, 199, 206, 222,
244, 248, 255, 261, 283, 291, 307, 309,
331, 341, 342, 359, 443, 543, 549, 551,
562, 578, 588, 744, 745, 746, partie de 747,
789, 821, 869, 870, 902, 903, 920, 928,
935, 956, 957, 976, 1006, 1034, 1116, 1117,
1122.

Jeudi 16.

Numéros 54, 62, 63, 79, 82, 124, 129, 131,

[5]

153 , 163 , 186 , 191 , 197 , 200 , 223 , 242 ,
274 , 304 , 314 , 321 , 369 , 371 , 373 , 381 ,
383 , 389 , 501 , 503 , 508 , 511 , 529 , 535 ,
554 , 575 , 582 , 583 , 587 , 590 , 601 , 796 ,
797 , 822 , 823 , 872 , 873 , 929 , 930 , 958 ,
959 , 977 , 1013 , 1014 , 1041 , 1057 , 1058.

Vendredi 17.

Numéros 64 , 68 , 80 , 152 , 215 , 225 , 249 , 250 ,
254 , 272 , 288 , 292 , 308 , 312 , 326 , 329 ,
332 , 400 , 448 , 449 , 453 , 455 , 481 , 488 ,
492 *bis*, 500 , 512 , 513 , 519 , 520 , 524 , 537 ,
555 , 560 , 563 , 572 , 574 , 798 , 824 , 830 ,
883 *bis*, 931 , 932 , 967 , 968 , 1010 , 1028 ,
1048 , 1053 , 1118 , 1119 , 1120 , 1133.

Samedi 18.

Numéros 69 , 76 , 227 , 264 , 269 , 284 , 289 , 294 ,
305 , 319 , 322 , 324 , 336 , 337 , 344 , 358 , 363 ,
365 , 368 , 422 , 425 , 426 , 480 , 490 , 493 , 510 ,
514 , 595 , 612 , 619 , partie de 747 , 799 , 830 *bis*,
831 , 904 , 905 , partie de 937 , 969 , 986 , 987 ,
988 , 989 , 990 , 991 , 992 , 993 , 994 , 995 , 996 ,
997 , 998 , 1068 , 1070 , 1071 , 1097 , 1099.

Lundi 20.

Numéros 66 , 81 , 273 , 290 , 297 , 302 , 334 , 338 ,
345 , 352 , 367 , 380 , 382 , 434 , 435 , 436 ,
454 , 517 , 526 , 532 , 548 , 561 , 591 , 603 , 607 ,
613 , 615 , 616 , 800 , 801 , 826 , 827 , 832 , 833 ,
877 , 906 , 907 , 921 , partie de 937 , 960 , partie
de 963 , 971 , 972 , 1005 , 1015 , 1051 , 1052

1056, 1069, 1072, 1073, 1079, 1095, 1096,
1109.

Mardi 21.

Numéros 95, 101, 103, 120, 122, 140, 162,
229, 236, 348, 362, 370, 388, 392, 405, 408,
421, 495, 523, 550, 553, 580, 602, 621, 628,
631, 634, partie de 747, 802, 828, 843, 844,
879, 880, 974, 975, 1000, 1001, 1049, 1050,
1074, 1075, 1076, 1083, 1084, 1090, 1091,
1100, 1101, 1102, 1103, 1104, 1105, 1114,
1115.

Mercredi 22.

Numéros 141, 208, 212, 230, 253, 300, 347,
384, 385, 395, 398, 402, 406, 407, 411, 429,
440, 451, 466, 486, 531, 536, 571, 576, 581,
608, 803, 804, 829, 848, 849, 858, part. de 937,
970, 1003, 1018, 1021, 1022, 1077, 1078,
1080, 1081, 1098, 1123, 1124, 1125, 1156,
1157, 1159, 1160, 1177, 1178, 1189, 1190.

Jeudi 23.

Numéros 108, 110, 193, 231, 355, 360, 377,
386, 390, 396, 399, 403, 409, 414, 419, 420,
427, 433, 437, 452, 530, 566, 586, 594, 600,
604, 605, 609, 614, 622, 626, 627, 635, 636,
834, 835, 838, 839, 881, 882, 1002, 1017,
1019, 1020, 1025, 1085, 1088, 1089, 1093,
1162, 1164, 1168, 1169, 1179, 1180.

Vendredi 24.

Numéros 235, 246, 332, 357, 387, 394, 401,

[7]

404, 412, 413, 415, 417, 423, 424, 430,
432, 450, 457, 459, 565, 589, 599, 611,
620, 624, 630, 632, 633, 640, 651, 677,
678, 836, 837, 874, 875, 876, 934, 961,
1035, 1036, 1037, 1038, 1039, 1042, 1043,
1044, 1045, 1087, 1092, 1175, 1181, 1182,
1183, 1184.

Mardi 28.

Numéros 114, 123, 194, 204, 239, 251, 260,
263, 267, 287, 310, 313, 325, 335, 393,
397, 410, 416, 418, 431, 494, 522, 534,
542, 564, 567, 585, 597, 655, 658, 659,
704, 705, 706, 725, 726, partie de 747, 825,
855, 856, 857, 871, 878, 933, 1046, 1047,
1054, 1055, 1082, 1086, 1185, 1186, 1187,
1188, partie de 1195, 1202.

Mercredi 29.

Numéros 102, 237, 268, 270, 298, 301, 316,
346, 374, 378, 391, 438, 479, 487, 504,
505, 506, 516, 518, 584, 592, 596, 598,
617, 618, 623, 625, 625 *bis*, 629, 637, 638,
639, 642, 643, 647, 677, 702, 703, 711,
712, 717, 718, 724, 732, 733, 734, 735,
742, 743, 743 *bis*, 815, 840, 841, 842, 845,
846, 847, 850, 851, 852, 853, 854, 855,
859, 860, 861, 862, 863, 864, 865, 883,
890, 936, 937, 999, 1106, 1129, 1130, 1176,
1191, 1194, 1197.

FIN.